走进燕窝世界

INTO THE BIRD'S NEST WORLD

蒋林◎编著

U0364120

广东省地图出版社
·广州·

图书在版编目（CIP）数据

走进燕窝世界 / 蒋林编著. —广州：广东省地图出版社，2016.11（2021.1 重印）
ISBN 978-7-80721-649-0

Ⅰ. ①走… Ⅱ. ①蒋… Ⅲ. ①疗效食品—介绍 Ⅳ. ① TS218

中国版本图书馆 CIP 数据核字（2016）第 261658 号

责任编辑：张超荣
版式设计：罗盘工作室•黎嘉维
封面设计：罗盘工作室•黎嘉维　鄢余俊

走进燕窝世界
ZOUJIN YANWO SHIJIE

蒋林　编著

出版发行	广东省地图出版社			
地　　址	广州市环市东路 468 号	电　话	020-87768354	（发行部）
邮政编码	510075		020-87768880	
开　　本	787 毫米 ×1092 毫米　1/16	印　刷	佛山市浩文彩色印刷有限公司	
印　　张	12.75	字　数	189 千字	
版　　次	2016 年 11 月第 1 版	印　次	2021 年 1 月第 4 次印刷	
书　　号	ISBN 978-7-80721-649-0			
定　　价	80.00 元			

网　　址　http://www.gdmappress.com
本书如有印装质量问题，请与我社发行部联系调换。

作者简介

蒋林，博士、中药学研究员。中国科学院理学硕士，广州中医药大学医学博士，中山大学和广东清远医药集团公司博士后。主要从事天然药物（中药）资源的研究和产品开发（包括新资源食品）。曾在中国科学院华南植物研究所、广州中医药大学、香港浸会大学中药研究所从事研究工作，2007 年作为"百人计划"人才引进中山大学药学院。

先后获得中国科学院自然科学奖二等奖和广东省自然科学奖二等奖各 1 项。拥有授权专利 8 项。共发表论文 70 余篇，主编出版有《解开燕窝密码》等。

近年来主持国家、省部委项目 10 多项，企业项目 20 多项。其中包括燕窝 GAP 基地建设和关键技术的研究、燕窝标准提取物以及产品的研究和开发等项目。多次在燕窝国际研讨会上做大会发言。

《走进燕窝世界》编写委员会

主　编　蒋　林

副主编　钟建明

编　委　王　卉　　陈月娟　　周王晓云　　关勇文　　丁　香

　　　　　陈永云　　米　雅　　章荣伟　　谭承哲　　蔡千根

　　　　　马兴松　　张孟文　　王嘉蔚

前言

　　燕窝是由主要分布在东南亚的雨燕科中多种金丝燕吐出的胶质唾液凝结所筑的窝巢。中国人吃燕窝的历史至少可以追溯到 600 年以前，相传明代郑和下西洋将燕窝从印尼带回中国献给皇帝，燕窝作为药食同源的滋补珍品由此传开，中国人历来视之为珍馐补品。燕窝的功效、食用燕窝的事例在许多医书及古代文学作品中均有记载，它被誉为"八珍之首"，是古今中外皇室贵族保持容颜不老、健康长寿的首选滋补品，深受广大爱健康、爱美人士欢迎。

　　2011 年 7 月，"血燕亚硝酸盐含量超标事件"之后，我国停止了所有海外燕窝产品的进口。国内的燕窝市场也遭受到前所未有的沉重打击，燕窝产品一度陷入几乎无人问津的局面。燕窝市场出现信任危机，燕窝对人体健康究竟有没有帮助，燕窝的功效是否有科学依据，究竟什么才是真燕窝、好燕窝，人们对这些问题充满了疑惑。

　　2013 年 12 月开始，国家质检总局陆续批准允许马来西亚、印尼的 25 家溯源工厂出口燕窝到中国，表明燕窝进口趋于正常化，燕窝市场开始复苏，但仍有不少消费者对燕窝的食品安全抱有疑虑。

　　2015 年 10 月 1 日起施行的《中华人民共和国食品安全法》中第六十七条及第七十八条，明确规定食品的标签及包装外盒不允许标注产品的功效。那么，怎样向消费者全面介绍燕窝的文化和燕窝对人体的帮助呢？

　　为了普及燕窝专业知识，正确解答广大读者对燕窝相关知识的疑惑，为广大群众提供一部全面、权威的燕窝消费指南，为燕窝经营管理提供科学规范和理论支撑，弘扬传统燕窝食补文化，促进燕窝产业健康有序地发展，提供燕窝行业需要的专业、权威的理论依据，就成为出版《走进燕窝世界》的初衷。

　　自本书主编蒋林博士 2013 年主编出版了《解开燕窝密码》后，3 年来，中山大学燕窝研究团队收集了大量的金丝燕和燕窝资料，结合研究团队的最新研究成果，联合其他专家、学者，一起编写了这本《走进燕窝世界》。

　　《走进燕窝世界》对金丝燕的分类、生态习性、在全球的分布情况和燕窝的采摘加工以及燕窝的营养价值、药用价值、食品安全等都做了全面描述，更在《解开燕窝密码》的基础上对数据全面更新，内容全面升级，同时增加了"燕窝杂谈"与"燕窝百问"，对广大读者的疑虑都做出了详细解答。

　　感谢参与本书编撰的专家、学者，感谢提供专业资料和图片的燕窝同行们。

编者 于广州

2016 年 9 月

contents
目录

第一章

金丝燕与鸟类分类

鸟类概论 / 2

鸟类的生活习性 / 4

金丝燕在鸟类分类学中的地位 / 5

雨燕目的分类 / 6

中国的金丝燕和雨燕 / 9

第二章

产可食用燕窝的金丝燕

身体光滑的金丝燕 / 14

色彩暗淡的金丝燕 / 15

不可食用燕窝 / 18

第三章

金丝燕的基本知识

金丝燕的外貌特征 / 24

金丝燕的生态与习性 / 25

影响燕子习性的因素 / 28

食物链中的金丝燕 / 29

金丝燕的地理分布 / 32

第四章

燕窝的采摘与加工

燕窝的采摘 / 40

燕窝的加工 / 42

燕窝的分类 / 46

燕窝的商品规格 / 52

第五章

燕窝的鉴别

民间传统鉴别方法 / 54

理化鉴别方法 / 56

第六章

燕窝的化学组成和药理学研究

燕窝的化学组成 / 62

药理学作用 / 69

燕窝主要活性成分分析 / 72

第七章

燕窝的中医药理和饮食文化

历代本草对燕窝的论述 / 85

燕窝的中医功效 / 87

中医临床 / 89

历代药方与食谱 / 92

燕窝的饮食文化 / 97

燕窝的食用方法 / 102

燕窝的烹制方法 / 107

第八章

燕窝产业

燕窝衍生产品 / 111

燕窝流通与销售 / 113

政府监管规定 / 114

第九章

燕窝的食品安全

燕窝中的亚硝酸盐 / 116

亚硝酸盐与人类健康的关系 / 116

环境亚硝酸盐对人体健康的危害 / 118

亚硝酸盐对人体健康的保护 / 120

第十章

燕窝杂谈

燕窝筵席 / 126

金丝燕与燕窝的故事 / 129

历代名人与燕窝 / 134

燕窝的效用 / 140

适宜食用燕窝的人群 / 148

燕窝食疗 / 152

燕窝的常见误解 / 159

燕窝访谈录 / 163

第十一章

燕窝百问 / 167

后记 / 195

第一章
金丝燕与鸟类分类

🐦 鸟类概论

在动物界，动物分无脊椎动物和脊椎动物。无脊椎动物包括原生动物、扁形动物、腔肠动物、棘皮动物、节肢动物、海绵动物、环节动物和线形动物八大类，占世界上动物总数的90%以上。脊椎动物包括鱼类、两栖动物、爬行动物、鸟类和哺乳动物五大种类。

鸟类（Aves）是脊椎动物的一大类。体均被羽，体温恒定，卵生，胚胎外有羊膜。鸟类前肢成翼，一般都会飞，有的两翼退化，不能飞行。鸟类的心脏是2心房2心室结构，呼吸器官除肺外，还有辅助呼吸的气囊。鸟类骨骼特殊，骨多空隙，内充气体。全世界现存的鸟类有9 000多种，中国已发现的鸟类约有1 300多种。

鸟类有8个生态类群，分别是游禽、涉禽、陆禽、猛禽、攀禽、鸣禽、走禽和楔翼。前6类生态类群在中国现存鸟类中有分布，后2类没有分布。

游禽　顾名思义，这类鸟善于游泳和潜水，它们通常生活在水上，以鱼、虾、贝或水生植物为食物。如雁鸭类、鸬鹚类、鹈鹕类、鸥类等。

游禽的主要特征：
- 脚短，趾间有蹼。
- 有发达的尾脂腺，能分泌大量油脂涂于全身羽毛，无论在水中怎样活动羽毛也不会被水浸湿。
- 喙型或扁或尖，适于在水中滤食或捕食。

鸳鸯

涉禽　是一类在水边取食、生活的鸟，它们的长后肢、长喙使之可在浅水中涉行和捕食，适于涉水生活。如鹳类、鹤类、鹭类、鸻鹬类等。

涉禽的主要特征：
- 具有"三长"的外形，喙长、颈长、后肢（腿和脚）长，涉禽因其喙和腿的长度不同，而在捕食时涉水深浅不同。
- 蹼多退化而不适合游泳。

丹顶鹤

陆禽　是指适于在地面行走和取食的鸟类，如雉鸡类、鸠鸽类等。有些种类飞行能力不强。

陆禽的主要特征：

- 后肢强壮，适于地面行走，一些种类的翅膀因退化而呈短圆状（如雉鸡类）。
- 喙强壮，多为弓形，适于地面啄食。

雉鸡

猛禽 凶猛且捕食性很强的鸟类，位于食物链顶端，如鹰类、雕类、隼类、鸮类等。

猛禽的主要特征：

- 喙强有力，呈钩状，趾端有锐利的爪。
- 视觉器官发达，翼大而善飞。
- 多为捕食性鸟类，常可猎杀相对较大的动物。

金雕

攀禽 是指足趾发生多种变化的鸟类，如啄木鸟科、鹦鹉科、翠鸟科、杜鹃科和雨燕类、戴胜类、夜鹰类等。

攀禽的主要特征：

- 脚短健，足趾发生多种变化（如对趾足、异趾足、前趾足、并趾足等）。
- 适于在树干、树枝、石壁、土壁等处攀缘生活。

绣眼鸟

鸣禽 是一类品种繁多、善于鸣叫、进化相对高等的鸟。如百灵科、鸦科、麻雀科、画眉科、黄鹂科、山雀科、柳莺科等。

鸣禽的主要特征：

- 有发达的鸣叫器官（鸣肌和鸣管），善于鸣啭。
- 巧于营巢，繁殖时有复杂多变的行为。
- 雏鸟晚成，需在巢中由亲鸟哺育才能正常发育。

玉山噪鹛

走禽　指各种鸵鸟。

楔翼　指各种企鹅。

企鹅

鸸鹋

🔥 鸟类的生活习性

食性　鸟类的食性可分为食肉、食鱼、食虫和食植物等类型，还有很多居间类型和杂食类型。有些种类的食性因季节变化、食物多寡、栖息地特点以及其他条件而异。

迁徙　鸟类在不同季节更换栖息地区，或是从营巢地移至越冬地，或是从越冬地返回营巢地，这种季节性现象称为迁徙。鸟类的迁徙通常在春秋两季进行。秋季迁徙为离开营巢地区，速度缓慢；春季迁徙由于急于繁殖，速度较快。鸟类因迁徙习性的不同，分为留鸟、候鸟、旅鸟、迷鸟等类型。

留鸟　指终年生活在一个地区，不随季节迁徙的鸟类。它们通常终年在其出生地（或称"繁殖区"）内生活。

候鸟　指随着季节变化而迁徙的鸟类，分夏候鸟和冬候鸟。夏候鸟是指春夏在某个地区繁殖，秋季飞到较暖的地区过冬，第二年春季再飞回原地区的鸟。如家燕、杜鹃、黄鹂等。冬候鸟冬季在原地区过冬，次年春季飞往其他地方繁殖，在深秋又飞回原地区越冬，对原地区而言，这类鸟称"冬候鸟"，如鸿雁、天鹅、野鸭等。

旅鸟　指候鸟在不同季节从一个栖居地飞到另一个栖居地的过程中，经过某些地区，不在这个地区繁殖，也不在这个地区过冬，这种候鸟就成为该地区的旅鸟。

迷鸟　是指那些由于天气恶劣或者其他自然原因，偏离自身迁徙路线，出现在本不应该出现的区域的鸟类。这些鸟类之所以远离自己的分布区，可能是狂风或其他气候原因造成的。

生长繁殖　鸟类的性成熟期为 1～5 年。很多鸟类到性成熟时表现为两性异型。鸟类的大多数种类在繁殖期间成对活动，有的种类一雄多雌，少数种类一雌多雄。成对生活的鸟类雌雄共同育雏，一雄多雌的鸟类大都由雌鸟育雏，一雌多雄的鸟类由雄鸟育雏。鸟类体内受精，卵生，具有营巢、孵卵和育雏等完善的繁殖行为，提高了子代的成活率。

鸟类在繁殖初期有发情活动，雌雄相遇时，雄鸟（少数为雌鸟）表现出特别姿态，并发出特殊鸣声。有些种类，特别是一雄多雌的种类，雄鸟间常发生格斗。鸟类在发情末期或发情结束时开始有占据巢区、筑巢的行为。

鸟类孵卵期为 2～28 天不等，小型鸟类孵卵期短，为 2～13 天；雉、鸭等鸟类则需 21～28 天。有些大型猛禽的孵卵期甚至长达 2 个月。雏鸟有早成雏、晚成雏和居间类型。大多数鸟类每年换羽 1 次，也有 1 年 2 次，甚至多达 4 次的（如雷鸟）。

🔥 金丝燕在鸟类分类学中的地位

产可食用燕窝的金丝燕多指金丝燕属（Aerodramus）以及与其亲缘关系较近的侏金丝燕属（Collocalia），是一类轻捷的小鸟。它们同为鸟纲，今鸟亚纲，雨燕目，雨燕科。属留鸟。从其纲目分类可以了解金丝燕类群的外观、构造、生活习性等方面的特征。

鸟纲分古鸟亚纲和今鸟亚纲两个亚纲，现存的鸟纲都可以划入今鸟亚纲的三个总目：古颚总目、楔翼总目和今颚总目。我国现存的鸟类都属于今颚总目。

今颚总目（Neognathae）是鸟类的主干，包括绝大多数鸟类，由于有发达的附着飞行肌肉的龙骨突，也被称为"突胸总目"（Carinatae）。今颚总目的鸟类多数可以飞行，分布于世界各个角落，能适应各种不同的生活环境，我国以及北半球大多数地区都只有这一总目的鸟类。由于适应飞行生活，今颚总目的鸟类没有体型非常巨大的成员，多数的种类体型很小。

今颚总目主要有 21 目，分别为：雁形目（Anseriformes）、鸡形目（Galliformes）、潜鸟目（Gaviiformes）、鸊鷉目（Podicipediformes）、鹱形目（Procellariiformes）、鹈形目（Pelecaniformes）、鹳形目（Ciconii-formes）、隼形目（Falconiformes）、鹤形目（Gruiformes）、鸻形目（Charadrii-formes）、鸽形目（Columbiformes）、鹦形目（Psittaciformes）、鹃形目（Cuculiformes）、鸮形目（Strigiformes）、夜鹰目（Caprimulgiformes）、

雨燕目（Apodiformes）、鼠鸟目（Coliiformes）、咬鹃目（Trogoniformes）、佛法僧目（Coraciiformes）、䴕形目（Piciformes）、雀形目（Passeriformes）。

雨燕目

雨燕目（Apodiformes）在动物分类学上是鸟纲中的一个目。雨燕一类的鸟又称为"胡燕"。

外部形态

雨燕目鸟类为小型攀禽，雌雄同色，羽毛多具光泽。头骨呈雀腭型或裂腭型；喙形扁短，尖端稍曲，基部宽阔，无嘴须；翼形尖长，有 10 枚长的初级飞羽和一组短的次级飞羽，第 5 片飞羽存在或缺如；尾形多变，大多呈叉状，尾羽 10 枚；脚短，跗跖大多被羽；四趾均向前，个别种类的后趾能向前转动；唾液腺发达；尾脂腺裸出。

生活习性

雨燕目的鸟类多集群活动，营巢于岩洞、建筑物缝隙处。此目鸟类的巢材多用唾液黏合，使巢固着在岩壁或建筑物上。飞行能力强，速度快且敏捷，可悬停，在飞行中捕食昆虫或啄食花蜜。

分布范围

雨燕目的鸟类遍及世界各地，但绝大多数分布于热带地区。其中蜂鸟科的鸟仅分布在美洲。

🔥 雨燕目的分类

雨燕目分为蜂鸟科、凤头雨燕科、雨燕科 3 个科，126 个属。

蜂鸟科（Trochilidae） 有 106 属 341 种。蜂鸟科鸟类大多色彩鲜艳而闪烁着金属光泽，以体型极小而闻名，包括世界上最小的鸟——蜂鸟。蜂鸟科以特技飞翔而著称，可以在空中停留甚至后退飞行。它们多以花蜜为食，也有些捕食昆虫，喙型为适应不同的食物而略有不同，但都是细长的，有些种类的喙比身体还长。蜂鸟科鸟类全部分布在美洲，主要生活在热带地区，少数种类的分布可向北到达加拿大。

凤头雨燕科（Hemiprocnidae） 有1属4种，与雨燕科亲缘关系最近。凤头雨燕科的鸟类体型似雨燕，头部有羽冠，分布于东南亚和新几内亚一带，不迁徙。

雨燕科（Apodidae） 有19属106种，分布在我国的有4属7种。头无羽冠，跗跖较第一趾（不连爪）长，或与之等长。

雨燕科的鸟类外形接近燕科，翼尖长、腿脚短而弱小，着陆后双翼折叠，翼尖长越尾端。喙短但喙裂较宽，大部分时间都在飞翔，是飞翔速度最快的鸟类，常在空中捕食昆虫。

雨燕科包括黑雨燕属（Cypseloides）、白领黑雨燕属（Streptoprocne）、瀑布雨燕属（Hydrochous）、侏金丝燕属（Collocalia）、金丝燕属（Aerodramus）、珍雨燕属（Schoutedenapus）、新几内亚雨燕属（Mearnsia）、白腰雨燕属（Zoonavena）、黑针尾雨燕属（Telacanthura）、银腰针尾雨燕属（Rhaphidura）、白腹针尾雨燕属（Neafrapus）、针尾雨燕属（Hirundapus）、硬尾雨燕属（Chaetura）、白喉雨燕属（Aeronautes）、侏棕雨燕属（Tachornis）、燕尾雨燕属（Panyptila）、棕雨燕属（Cypsiurus）、高山雨燕属（Tachymarptis）、雨燕属（Apus）等属。

雨燕科鸟类分布广泛，有些种类在高纬度地区繁殖而到热带地区越冬，是著名的候鸟。有些则是热带地区的留鸟。雨燕科鸟类能够攀岩，大多筑巢于岩洞、悬崖峭壁的缝隙中，或较深的屋檐和树洞中。该科中的金丝燕属和侏金丝燕属的巢由燕子以唾液混合树枝、羽毛等材料筑成，其唾液蛋白质含量很高，被人们采集，即"燕窝"，营养价值颇高，是传统的滋补品。

雨燕科鸟类每窝产卵2～3枚，卵壳多呈白色。常结群飞翔，捕食昆虫。飞翔速度极快而敏捷，多在林区、耕作区和居民点上空飞行。除了金丝燕的燕窝能作为滋补品，雨燕科鸟类对抑制蚊、蝇、蚋等卫生害虫和森林害虫及农业害虫很有益处。

金丝燕属（Aerodramus）

金丝燕属鸟类有29种。

此属鸟类一般都是轻捷的小鸟，体型比家燕小，体重也较轻。跗跖全裸或几乎完全裸出，尾羽的羽干不裸出。雌雄相似。喙细弱，向下弯曲；翅膀尖长；脚短而细弱，4趾都朝向前方，不适于行步和握枝，只有助于

抓附岩石的垂直面。上体羽色呈褐至黑色，带金丝光泽；下体羽色灰白或纯白。有回声定位能力，能在全黑的洞穴中任意疾飞。

金丝燕属的鸟类在雨燕目中属体型较小的种类，体长一般在90毫米左右（包括尾羽的长度在内），不超过130毫米。羽色不像家燕那样有显著的紫蓝发亮的光彩，颇似灰沙燕暗淡而呈煤灰黑稍带褐色，腰部颜色较淡，有的几乎呈"白腰带"的模样。金丝燕属一般过着飞翔生活，几乎很少休息，沿着海岸、岛屿飞行捕食飞虫。翅膀因此特别发达，呈尖形，长而弯曲，强而有力。金丝燕属飞行时不能似家燕那样做急剧的转折，因为它们的尾羽不呈叉状。金丝燕属的跗跖和脚都发育较弱，几乎不能在地面上行走，即使匍匐爬行也非常困难，只能在回巢时暂作抓附之用。金丝燕属的食物全是飞虫，嘴裂也如家燕般异常宽大，无嘴须。

金丝燕筑巢所用的材料，可谓鸟类中独一无二的。它们喉部的唾液腺非常发达，分泌的大量浓厚而富胶质的唾液，是金丝燕属筑巢的主要材料。金丝燕吐出唾液混合筑巢材料，并将其固定在峻峭的岩洞石壁上，凝成内径约5.8厘米、深2.5～3.5厘米，呈不整齐的碗碟状半圆形的燕窝。靠近石壁粘着的部分的唾液特别厚。

金丝燕属中的爪哇金丝燕（A. fuciphagus）和淡腰金丝燕（A. germani）的唾液一经风吹就凝固起来，形成半透明的胶质物，即名贵的滋补食品燕窝。

金丝燕属每年产卵育雏3～4次，每窝产卵2枚，卵色雪白，卵径大约为21.8毫米×14.6毫米。金丝燕通常在沿海岛屿中那些崖壁险峻、洞内幽深黑暗、其底难测的岩石洞内筑巢，成千上万的金丝燕聚居在一个大岩洞里，最少的也有两三百对，燕巢挤靠在一起，并且互相粘着。金丝燕的视力非常敏锐，能在黑暗的岩洞中自如飞行而不会迷失自己的巢。

金丝燕不只在沿海筑巢，也有在内陆的。如缅甸记载有金丝燕曾出没在内陆海拔1 000多米的高山岩洞里，甚至就在岩石地面上筑巢。

金丝燕属在中国见于西藏、四川、云南、贵州、湖北、海南等地。在国外分布在日本、印度、斯里兰卡、孟加拉国、缅甸、泰国、马来西亚、菲律宾、印度尼西亚等国，在新几内亚岛、所罗门群岛、社会群岛等多个太平洋岛屿也有分布。

产燕窝的金丝燕主要分布在印度和东南亚地区，营群栖生活。马来西亚沙捞越有金丝燕分布，在尼亚海滨的一个大岩洞里就有超过 200 万只，该洞可以说是金丝燕数量最大的集居点。

中国西部、西南部地区均产有短嘴金丝燕，但它们产的燕窝不可食用。海南省的大洲岛上的淡腰金丝燕又名"戈氏金丝燕"，产可食用燕窝，但数量有限，而且由于历年采窝，此鸟已近灭绝。

雨燕属（Apus）

体形似燕，但较燕大而壮实。体羽黑褐，颏与喉呈白色或烟灰色；跗跖短，前缘被羽；尾羽羽轴不延长成针状。成鸟雌雄相似。在中国，除新疆南部、西藏西部和北部外，全国各地均有分布。国外见于欧、亚、非三洲和澳大利亚，以非洲种类最多，亚洲次之。

🔥 中国的金丝燕和雨燕

淡腰金丝燕(Aerodramus germani) 又名"戈氏金丝燕"（Germain's Swiftlet）。是一种纤小的深色金丝燕。全长约 120 毫米，尾略呈叉形（淡腰金丝燕的身体特征数据可见表 1-1）。上体黑褐，腰灰白、色淡，而尾部色深。下体灰褐，腹部具浅色横斑。有些学者把淡腰金丝燕归入爪哇金丝燕。

这种金丝燕种群数量稀少，繁殖于海滨岩崖裂缝。主要分布在中南半岛、马来西亚及加里曼丹岛。淡腰金丝燕的指名亚种繁殖于海南岛东南部的大洲岛，三个山洞最多有 200 余巢，在中国南海的一些岛屿上更为常见。

鉴别特征：上体黑褐色，腰部有一淡色腰斑，下体为灰褐色。

表 1-1　淡腰金丝燕身体特征数据

性别	体重（克）	全长（毫米）	嘴峰（毫米）	翅（毫米）	尾（毫米）	跗跖（毫米）
雄性	14	120	5	106	55	9
雌性	13	120	5	108	50	9

大金丝燕（Aerodramus maximus） 英文名为Black-nest Swiftlet。

大金丝燕羽色上体呈褐至黑色，带金丝光泽，下体灰白或纯白（大金丝燕的身体特征数据见表1-2）。成鸟形态与短嘴金丝燕十分相似，但在野外极易区别。大金丝燕的尾分叉小、几乎平尾，翼较宽，跗跖具稠密的羽毛；而短嘴金丝燕的羽毛较为稀疏。

大金丝燕的燕巢粘着许多黑色羽毛，呈小托座状，有时带有一点蕨类和树皮，偶见黏附在树上或峭壁上，但通常建在山洞或海岸洞穴中。一个鸟群的数量可多达100万只。

大金丝燕分布在从不丹东部向南至印度尼西亚一带，包括马来西亚和泰国。在中国，分布于西藏南部与不丹的边界上。

鉴别特征：上体褐至黑色，带金丝光泽，下体灰白至纯白。

表1-2　大金丝燕身体特征数据

性别	体重 （克）	全长 （毫米）	嘴峰 （毫米）	翅 （毫米）	尾 （毫米）	跗跖 （毫米）
雄性	14—20	140	4.0—5.1	122—136	56—65	8.7—10.5
雌性	15—21	140	3.8—5.2	122—136	55—63	8.5—10.2

楼燕（Apus apus） 英文名Common Swift。属雨燕目，雨燕科，雨燕属。又名"雨燕""麻燕"。

楼燕体型似家燕，体长约180毫米。两翅狭长，达170毫米，飞翔时向后弯曲如镰刀（楼燕的身体特征数据见表1-3）。通体近乎纯黑褐色，在头顶、上背和腹部特别深浓，前额稍淡；颔和喉均白；喉周和翼缘的羽毛也具有白色羽缘。

楼燕分布于古北界和新北界。在中国，分布于新疆、青海、内蒙古以及东北至华北等地区。冬季从繁殖区迁往印度和非洲东部越冬。

夏季常见楼燕在寺塔和城楼附近的上空相互追逐，盘旋不止。飞翔时如矢脱弓，在半空捕食各种飞虫。

楼燕结群繁殖，平时集结大群，且飞且鸣，鸣声响亮。楼燕以唾液混着羽毛、干草、杂屑等营巢，筑成杯状，置于寺塔、庙宇、城楼等墙壁的窟窿里。燕窝不可食。

表 1-3　楼燕身体特征数据

性别	体重（克）	全长（毫米）	嘴峰（毫米）	翅（毫米）	尾（毫米）	跗跖（毫米）
雄性	27—41	163—190	5.8—6.2	150—170	75—81	8.5—9.5
雌性	25—39	167—182	5.7—6.2	150—168	68—78	8.0—9.2

白腰雨燕 (Apus pacificus)　英文名 Pacific Swift。

白腰雨燕两翼和尾都呈黑褐色，头顶至上背有淡色羽缘；下背、两翅表面和尾上覆羽微具光泽，亦具近白色羽缘；腰白色，具细的暗褐色羽干纹；额和喉为白色，具细的黑褐色羽干纹（白腰雨燕的身体特征数据见表1-4）。喜成群，常成群地在栖息地上空来回飞翔。飞行速度甚快，常边飞边叫，声音尖细，为单音节。在飞行中捕食各种昆虫，主要种类有叶蝉、小蜂、姬蜂、蜻象、食蚜蝇、寄生蝇、蚊、蜘蛛、蜉蝣等。

白腰雨燕繁殖于西伯利亚及东亚，经东南亚迁徙至印度尼西亚、新几内亚及澳大利亚越冬。

表 1-4　白腰雨燕身体特征数据

性别	体重（克）	全长（毫米）	嘴峰（毫米）	翅（毫米）	尾（毫米）	跗跖（毫米）
雄性	37.5	178.4	6.44	175.6	81.4	11.26
雌性	49	185	5.5	187	83	11.5

白腰雨燕在我国有 2 个亚种。

白腰雨燕指名亚种（Apus pacificus pacificus）　在中国的分布区为从内蒙古北部呼伦贝尔市向西南经内蒙古中部、甘肃、青海至西藏南部；向东经山西、河南至江苏；新疆天山、台湾、广东、海南。在国外繁殖于亚洲东北部和日本，向南迁徙至东南亚和澳大利亚。

头灰褐色；腰上白带宽约 15 毫米，翅长 173～185 毫米。

白腰雨燕华南亚种（Apus pacificus kanoi）　在中国的分布区为从西藏东南部向东，北至陕西南部，东到台湾省的兰屿。在国外分布于缅甸中部、马来西亚、泰国、中南半岛北部等国家和地区。

头黑褐色；腰上白带仅宽 10 毫米，翅长 163～175 毫米。

巢材主要有灯芯草、早熟禾以及小灌木叶、树皮、苔藓和羽毛等，燕子用唾液将巢材胶结在一起并黏附于岩壁上。巢较为结实，尤其是巢沿胶结唾液较多，厚且坚固。其燕窝属草燕类。

据了解，云南建水燕子洞每年夏天有成百上千的白腰雨燕在此繁殖。这些燕子的巢蒸后用清水将污物洗除，如此重复两三次，可拣出"燕窝"，每巢 1.5 克左右，多则 3 克。

小白腰雨燕（Apus nipalensis） 英文名 House Swift。分布于中国、非洲、伊朗、印度、菲律宾和中南半岛等国家和地区。在中国分布于四川西南部盐源、云南西双版纳、贵州望谟和广西、广东、香港、海南、福建、台湾等地。

小白腰雨燕的背和尾黑褐色，微带蓝绿色光泽。尾为平尾，中间微凹（小白腰雨燕的身体特征数据见表 1-5）。腰白色，羽轴褐色，尾上覆羽暗褐色，具铜色光泽。翼较宽阔，呈烟灰褐色。虹膜暗褐色，喙黑色，脚和趾黑褐色。主要栖息于开阔的林区、城镇、悬岩和岩石海岛等各类环境中。成群栖息和活动。有时亦与家燕混群飞翔于空中。营巢于岩壁、洞穴和城镇建筑物上。常成对或成小群在一起营巢繁殖。

表 1-5　小白腰雨燕身体特征数据

性别	体重（克）	全长（毫米）	嘴峰（毫米）	翅（毫米）	尾（毫米）	跗跖（毫米）
雄性	23—30	133—148	5.7—6.0	128—137	50—52	9.0—9.1
雌性	27—28	120—140	5.4—6.0	127—136	51—53	10—10.5

小白腰雨燕有 8 个亚种，我国分布有其中 1 个亚种，即小白腰雨燕华南亚种（Apus affinis subfurcatus）。此亚种在中国的分布与原种相同。在国外分布于从缅甸经泰国以东至菲律宾、南至印度尼西亚等地区。

山林、岩壁、洞穴以至城镇建筑物等处均可见，活动范围比较广。雨后常见集群于溶洞上空穿梭飞翔，有时绕圈子，动作整齐。求偶期间，雌雄彼此追逐。鸣声特别嘹亮。捕捉蚊等膜翅目昆虫为食。繁殖期雌雄鸟共同营巢，亲鸟用唾液或湿泥混合植物细纤维、禾草或羽毛等材料筑成燕巢，呈球状或椭圆状，柔软而发亮，稍带黏性。燕窝属草燕类。

第二章

产可食用燕窝的金丝燕

燕子是燕窝的制造者，但并非所有燕子筑的巢都可以食用。具有营养价值、可供人类食用的燕窝是由一类小型的雨燕科金丝燕属以及邻近属类的燕子用唾液和绒羽等凝结所筑的巢窝。

分布在印度、太平洋地区的产可食用燕窝的金丝燕大多在山洞或类似山洞的环境中栖息和筑窝。鸟类分类学家将其分为两大类：一是身体光滑的，为侏金丝燕属（Collocalia），背部呈淡蓝色或绿色，腹部白色。二是身体色彩暗淡、呈黑褐色的，为金丝燕属（Aerodramus），背部暗黑棕色，尾巴苍白色，腹部灰褐色。

有的科学家认为瀑布雨燕属（Hydrochous）与金丝燕有关。然而，单种属的瀑布金丝燕与金丝燕相比，明显体型大，习性也非常不同，不是洞穴栖息，显然关联不密切。

身体光滑的金丝燕

白腹金丝燕（Collocalia esculenta）　属雨燕科，侏金丝燕属。

白腹金丝燕背部和臀部是明亮的蓝黑色。有时看起来全身与冠都是黑色的。胸部黑色，腹部和侧翼白色及边缘有黑色斑点。翼尖圆，后翅黑色。尾部呈圆形，浅凹口有白斑点。体长90～115毫米，声音是柔软的啭鸣声。白腹金丝燕外形与白腰金丝燕（A. spodiopygius）相似，但通过背部和腹部可将两者相区别。

白腹金丝燕

白腹金丝燕在岩洞内筑巢，用胶质唾液黏附一种绳索状的草，在岩洞垂直的岩壁上造窝。它们在森林、溪流、小河和道路上捕捉飞行中的昆虫。

白腹金丝燕分布在印度、缅甸、泰国、马来西亚、新加坡、印度尼西亚、东帝汶、文莱、圣诞岛、菲律宾、巴布亚新几内亚、所罗门群岛、瓦努阿图和新喀里多尼亚。在澳大利亚是逸生种。

穴金丝燕

穴金丝燕（Collocalia linchi）　属雨燕科，侏金丝燕属。

穴金丝燕背部和臀部有明亮的黑褐色，带绿色光泽，有时看起来全身与冠都是黑色。胸部黑色，腹部侧翼浅灰色，在边缘有黑色斑点。翼尖圆，后翅是黑色的。尾黑色，有圆形浅凹口。体长 90 ～ 115 毫米，叫声很高。与白腹金丝燕相比，穴金丝燕在羽毛上没有白色斑点，而白腹金丝燕脚趾后有一簇羽毛，但穴金丝燕脚趾裸露。

穴金丝燕主要分布于印度尼西亚的爪哇巽他地区、马都拉岛、马威安岛、甘尼安岛、努萨伯尼达岛、巴厘岛、龙目岛、苏门答腊岛和马来西亚沙巴州的基纳巴卢山的西部斜坡。大英博物馆存放有采自马来西亚单一的穴金丝燕窝模式标本，标签为"马六甲"。

穴金丝燕的栖息地通常在开阔的林地，飞翔的分布区类似于其他金丝燕种，经常环绕树枝、树冠飞翔。在洞穴光稍亮处，用唾液将植被和岩石黏结成窝巢，一般产卵 2 枚，燕蛋白色稍细长。

穴金丝燕不属于濒危鸟类，世界自然保护联盟（International Union for Conservation of Nature，简称"IUCN"）将其列入"低危"（Least Concern）名录。虽然与过去相比穴金丝燕种群数量可能略有下降，但其繁衍速度令其不需列入危险物种目录。

穴金丝燕有 2 个亚种：苏门答腊岛金丝燕（C.l.ripleyi），产可食用燕窝。另外还有分布在印度尼西亚巴厘岛和龙目岛的 C.l.dedii Somadikarta。

色彩暗淡的金丝燕

爪哇金丝燕（Aerodramus fuciphagus）　雨燕科，金丝燕属。

上体黑褐色，头顶、两翼和尾羽更为暗浓；腰带斑较淡，下体为灰褐色，臀部比其他部位稍显淡色。尾部稍分叉，翅膀长而窄。喙和脚是黑色的。体长 110 ～ 120 毫米，重 15 ～ 18 克。具有回声定位能力。

爪哇金丝燕 6 个亚种的燕窝均为可食用燕窝，分别是：

原亚种在印度尼西亚爪哇被发现，巴厘岛和巽他群岛也有分布的 A.f.fuciphagus。

分布在印度尼西亚弗洛雷斯的 A.f.dammermani。

分布在印度尼西亚小巽他群岛东部和东帝汶的 A.f.micans。

爪哇金丝燕

在安达曼群岛和尼科巴群岛有分布，在缅甸是逸生种的A.f.inexpectatus。这个种类有时又会被分类为独立的种灰腰金丝燕（A.inexpectatus）。

分布在苏门答腊岛和加里曼丹岛的 A.f.vestitus。有时被认为是一个独立的物种 Aerodramus vestitus。

分布于马拉图阿岛东部、加里曼丹岛的A.f.perplexus，有时亦被归为灰腰金丝燕亚种（A.inexpectatus perplexus）。

淡腰金丝燕（Aerodramus germani） 属雨燕科，金丝燕属，又名"戈氏金丝燕"。

淡腰金丝燕上体黑褐，头顶、两翼和尾羽更为暗浓。腰带斑较淡；下体为灰褐色，羽轴略呈暗褐色。体长约 120 毫米。

淡腰金丝燕主要分布在东南亚，包括马来半岛与中南半岛等地区，在中国也有分布。

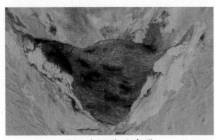

淡腰金丝燕的窝巢

淡腰金丝燕

栖于岩洞外。常在红树林、橡胶林等上空飞翔。以昆虫为食，终日沿着海岸、岛屿飞行捕食飞虫，很少休息。它们飞行时不能像家燕那样做急剧转折，是由于尾羽不呈叉状的缘故。

淡腰金丝燕有 3 个亚种：A.g.germani、A.g.amechanus 和 A.g.brevirostris。第一个亚种 A.g.germani 曾被认为是与爪哇金丝燕同种的金丝燕，但现在通常被认为是一个独立的物种。

大金丝燕（Aerodramus maximus） 属雨燕科，金丝燕属，又名"黑巢金丝燕"。

大金丝燕的羽色上体呈褐至黑色，带金丝光泽，下体灰白或纯白。喙细弱，向下弯曲；翅膀尖长；脚短而细弱，4 趾都朝向前方，不适于行步和握枝，只有助于抓附岩石的垂直面。它们的跗跖全裸或几乎完全裸出，尾羽的羽干不裸出。一

大金丝燕

般都是轻捷的小鸟，体型比家燕小，体重也较轻。雌雄相似。

大金丝燕分布在文莱、印度尼西亚、马来西亚、缅甸、菲律宾、新加坡、泰国和越南。它们的自然栖息地是亚热带或热带潮湿的低地森林和山地森林。营群栖生活。

大金丝燕能像蝙蝠那样通过回声定位法在黑暗的洞穴中任意疾飞。其"声呐"人耳能听见，由频率为 1 500 ～ 5 500 赫兹的"咔嗒"声组成，每秒约 6 次。大金丝燕的巢呈小托座状，有时有一点蕨类和树皮，可能黏附在树或峭壁上，但通常建在山洞或海岸洞穴中。一个鸟群可多达 100 万只。

印度金丝燕

印度金丝燕（Aerodramus unicolor）属雨燕科，金丝燕属。

主要特征是深棕色的背部，腹部颜色略浅；短而略缩进的尾部。主要分布于印度次大陆及中国的西南地区。

小灰腰金丝燕（Aerodramus francicus）属雨燕科，金丝燕属。

分布于印度洋中的马达加斯加岛及其附近岛屿。

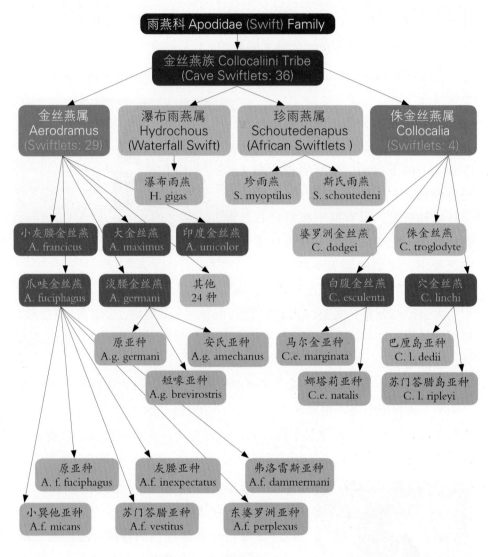

金丝燕族谱系

🔥 不可食用燕窝

不可食用燕窝，俗称"草燕窝"。金丝燕与亲缘关系较近的雨燕科燕类，以其唾液和绒羽、杂草等凝结所筑的巢窝。草燕唾液分泌最少但黏力特强，含大量杂质，价值不高。

附 雨燕科部分鸟类名录

金丝燕族（Trib. Collocaliini）

侏金丝燕属（Collocalia）

白腹金丝燕（Collocalia esculenta），英文名 White-bellied Swiftlet

穴金丝燕（Collocalia linchi），英文名 Cave Swiftlet

侏金丝燕（Collocalia troglodytes），英文名 Pygmy Swiftlet

婆罗洲金丝燕（Collocalia dodgei），英文名 Borneo Swiftlet

金丝燕属（Aerodramus）

塞舌尔金丝燕（Aerodramus elaphrus），英文名 Seychelles Swiftlet

小灰腰金丝燕（Aerodramus francicus），英文名 Mascarene Swiftlet

印度金丝燕（Aerodramus unicolor），英文名 Indian Swiftlet

菲律宾金丝燕（Aerodramus mearnsi），英文名 Philippine Swiftlet

摩鹿加金丝燕（Aerodramus infuscatus），英文名 Halmahera Swiftlet

威西金丝燕（Aerodramus sororum），英文名 Sulawesi Swiftlet

斯兰金丝燕（Aerodramus ceramensis），英文名 Seram Swiftlet

山金丝燕（Aerodramus hirundinaceus），英文名 Mountain Swiftlet

白腰金丝燕（Aerodramus spodiopygius），英文名 White-rumped Swiftlet

澳大利亚金丝燕（Aerodramus terraereginae），英文名 Australian Swiftlet

东南亚金丝燕（Aerodramus rogersi），英文名 Indochinese Swiftlet

火山金丝燕（Aerodramus vulcanorum），英文名 Volcano Swiftlet

怀氏金丝燕（Aerodramus whiteheadi），英文名 Whitehead's Swiftlet

裸腿金丝燕（Aerodramus nuditarsus），英文名 Bare-legged Swiftlet

麦氏金丝燕（Aerodramus orientalis），英文名 Mayr's Swiftlet

巴拉望金丝燕（Aerodramus palawanensis），英文名 Palawan Swiftlet

苔巢金丝燕（Aerodramus salangana），英文名 Mossy-nest Swiftlet

纯色金丝燕（Aerodramus vanikorensis），英文名 Uniform Swiftlet

帕劳金丝燕（Aerodramus pelewensis），英文名 Palau Swiftlet

关岛金丝燕（Aerodramus bartschi），英文名 Mariana Swiftlet

卡罗琳金丝燕（Aerodramus inquietus），英文名 Island Swiftlet

马诺金丝燕（Aerodramus manuoi），英文名 Mangaia Swiftlet

库岛金丝燕（Aerodramus sawtelli），英文名 Atiu Swiftlet

塔岛金丝燕（Aerodramus leucophaeus），英文名 Tahiti Swiftlet

马克萨金丝燕（Aerodramus ocistus），英文名 Marquesan Swiftlet

大金丝燕（Aerodramus maximus），英文名 Black-nest Swiftlet

爪哇金丝燕（Aerodramus fuciphagus），英文名 Edible-nest Swiftlet

淡腰金丝燕（Aerodramus germani），英文名 Germain's Swiftlet

巴布亚金丝燕（Aerodramus papuensis），英文名 Three-toed Swiftlet

瀑布雨燕属（Hydrochous）

瀑布雨燕（Hydrochous gigas），英文名 Waterfall Swift

珍雨燕属（Schoutedenapus）

珍雨燕（Schoutedenapus myoptilus），英文名 Scarce Swiftlet

斯氏雨燕（Schoutedenapus schoutedeni），英文名 Schouteden's Swift

针尾雨燕族（Trib. Chaeturini）

新几内亚雨燕属（Mearnsia）

白喉针尾雨燕（Mearnsia picina），英文名 Philippine Spinetail

新几内亚雨燕（Mearnsia novaeguineae），英文名 New Guinea Spinetail

白腰雨燕属（Zoonavena）

马岛雨燕（Zoonavena grandidieri），英文名 Madagascar Spinetail

圣多美雨燕（Zoonavena thomensis），英文名 Sao Thome Spinetail

白腰针尾雨燕（Zoonavena sylvatica），英文名 Silver-rumped Spinetail

黑针尾雨燕属（Telacanthura）

斑喉针尾雨燕（Telacanthura ussheri），英文名 Mottled Spinetail

黑针尾雨燕（Telacanthura melanopygia），英文名 Black Spinetail

银腰针尾雨燕属（Rhaphidura）

银腰针尾雨燕（Rhaphidura leucopygialis），英文名 Silver-rumped Spinetail

萨氏针尾雨燕（Rhaphidura sabini），英文名 Sabine's Spinetail

白腹针尾雨燕属（Neafrapus）

白腹针尾雨燕（Neafrapus cassini），英文名 Cassin's Spinetail

伯氏针尾雨燕（Neafrapus boehmi），英文名 Boehm's Spinetail

针尾雨燕属（Hirundapus）

白喉针尾雨燕（Hirundapus caudacutus），英文名 White-throated Spinetail

白背针尾雨燕（Hirundapus cochinchinensis），英文名 Siver-backed Spinetail

褐背针尾雨燕（Hirundapus giganteus），英文名 Brown-backed Spinetai

紫针尾雨燕（Hirundapus celebensis），英文名 Purple Spinetail

硬尾雨燕属（Chaetura）

斑腰雨燕（Chaetura spinicauda），英文名 Band-rumped Swift

安岛雨燕（Chaetura martinica），英文名 Lesser Antillean Swift

淡腰雨燕（Chaetura cinereiventris），英文名 Grey-rumped Swift

苍腰雨燕（Chaetura egregia），英文名 Pale-rumped Swift

烟囱雨燕（Chaetura pelagica），英文名 Chimney Swift

沃氏雨燕（Chaetura vauxi），英文名 Vaux's Swift

查氏雨燕（Chaetura chapmani），英文名 Chapman's Swift

短尾雨燕（Chaetura brachyura），英文名 Short-tailed Swift

灰尾雨燕（Chaetura andrei），英文名 Ashy-tailed Swift

雨燕族（Trib．Apodini）

白喉雨燕属（Aeronautes）

白喉雨燕（Aeronautes saxatalis），英文名 White-throated Swift

白尾梢雨燕（Aeronautes montivagus），英文名 White-tipped Swift

安第斯雨燕（Aeronautes andecolus），英文名 Andean Swift

侏棕雨燕属（Tachornis）

西印棕雨燕（Tachornis phoenicobia），英文名 Antillean Palm Swift

侏棕雨燕（Tachornis furcata），英文名 Pygmy Swift

叉尾棕雨燕（Tachornis squamata），英文名 Fork-tailed Palm Swift

燕尾雨燕属（Panyptila）

大燕尾雨燕 (Panyptila sanctihieronymi)，英文名 Great Swallow-tailed Swift

小燕尾雨燕 (Panyptila cayennensis)，英文名 Lesser Swallow-tailed Swift

棕雨燕属（Cypsiurus）

非洲棕雨燕 (Cypsiurus parvus)，英文名 African Palm Swift

棕雨燕 (Cypsiurus balasiensis)，英文名 Asian Palm Swift

高山雨燕属（Tachymarptis）

高山雨燕 (Tachymarptis melba)，英文名 Alpine Swift

杂斑雨燕 (Tachymarptis aequatorialis)，英文名 Mottled Swift

雨燕属（Apus）

亚氏雨燕 (Apus alexandri)，英文名 Alexander's Swift

雨燕 (Apus apus)，英文名 Common Swift

纯色雨燕 (Apus unicolor)，英文名 Plain Swift

尼安萨雨燕 (Apus niansae)，英文名 Nyanza Swift

苍雨燕 (Apus pallidus)，英文名 Pallid Swift

非洲黑雨燕 (Apus barbatus)，英文名 African Black Swift

伯氏雨燕 (Apus berliozi)，英文名 Berlioz's Swift

布氏雨燕 (Apus bradfieldi)，英文名 Bradfield's Swift

白腰雨燕 (Apus pacificus)，英文名 Pacific Swift

暗背雨燕 (Apus acuticauda) ，英文名 Dark-backed Swift

小雨燕 (Apus affinis)，英文名 Little Swift

小白腰雨燕 (Apus nipalensis)，英文名 House Swift

白眉雨燕 (Apus horus) ，英文名 Horus Swift

非洲白腰雨燕 (Apus caffer)，英文名 White-rumped Swift

贝氏雨燕 (Apus batesi)，英文名 Bates's Swift

第三章

金丝燕的基本知识

🔥 金丝燕的外貌特征

身体与翅膀

金丝燕身长约 120 毫米，身体远看是黑色，近看是黑褐色，背部灰色，腹部为褐色。其身体上部为黑褐色，下部褐色，臀部是从淡到暗色，幼燕的臀部是浅灰色。

金丝燕有狭而尖的翅膀，个体成鸟伸开的翅膀长度约 260 毫米，重量 7～8 克。雌雄燕子十分相似，不能从身体的颜色区别。在非栖息期间，金丝燕展翅飞翔，寻找食物。

喙、眼与鼻部

金丝燕的喙是食虫鸟的典型，呈小三角形。微弯而且开阔，有利于在飞行时捕捉和啄食昆虫。

金丝燕眼睛圆大且具备敏锐的视力，便于寻找食物和辨别窝巢所在地与入口。

金丝燕有很好的嗅觉，能嗅出木板以及屋内人类的味道，对木柴焚烧、煤气燃烧、苯气、香烟、油漆以及杀虫剂的气味敏感。

金丝燕的唾液腺在其喉咙下部。雌雄燕子都有一对唾液腺。在繁殖的季节，成鸟的唾液腺将扩大以分泌出大量的唾液来造窝，作孵卵与养育小燕子的用途。

繁殖季节过后，其唾液腺将停止活动并收缩恢复到原状。因此，金丝燕在非繁殖时期不造窝。在成鸟不造窝期间，小燕子将有一年的时间成长。

腿与尾部

金丝燕的腿短小、瘦弱，不能在电线杆、墙壁上站立或从一处跳跃到另一处。

但金丝燕尖锐的爪使之可以攀住洞壁和建筑物粗糙的表面。跗跖没有羽毛，其尾巴可以支撑它攀吊在垂直的墙壁表面。

金丝燕的腿短小、瘦弱，只能攀附在岩壁式粗糙的墙面上

繁殖系统

金丝燕的卵巢或睾丸部位的活动与其唾液系统活动有密切的关系。在繁殖时期，成鸟的唾液系统扩大时，雌燕的卵巢和雄燕的睾丸也随着卵腺管细胞和精子的出现而活跃起来。

金丝燕的生态与习性

一般习性

一般而言，燕子栖息前会先判断该地点是否安全，当确定安全时才会开始造窝栖息。燕子会选择远离天敌干扰的地点作为栖息地，燕子的天敌包括老鹰、猫头鹰、老鼠、蛇、蜥蜴、蚂蚁、壁虎等。如果持续受到干扰或者判断其栖息及造窝地点不安全，燕子将会飞走另觅安全处。

金丝燕的繁殖季节一般接近雨季。在每年5月至8月的干旱季节，由于缺少食物，燕子很少在这段时间进行繁殖活动。从每年9月到翌年4月期间，食物充足，金丝燕群繁殖活跃，通常会制造较大的燕窝来盛卵以便进行孵化。

东南亚地区的燕农普遍相信，进入燕屋栖息的燕群中有一只金丝燕首领，每天率领着燕群离开和返回鸟巢。据引燕者们观察，金丝燕首领的窝通常会比其他金丝燕的窝更宽更大，因而往往被引燕者称为"燕王"。实际上，很难从科学的角度来分析和鉴定燕群中是否有金丝燕首领，因为所有的燕子在飞翔时，它们的身姿与颜色都是很相似的。

回声

金丝燕可辨别回声，因此具备在黑暗的环境中飞翔的能力。在黑暗中，金丝燕能根据不同的声音做出反应，如简短、尖锐声或者嘎嘎声来辨别翱翔方向，还能从周围墙壁的回声来鉴定方向以及落脚的地点。

飞行时金丝燕能根据不同的声音做出反应

这种通过声音来辨别方向的能力，让金丝燕能够在完全漆黑的山洞中和室内寻找到不会受天敌侵袭的安全的地点造窝栖息；也让金丝燕在飞到远离窝巢的地方寻找食物后，在天黑时也能回巢。

由于坚固且较厚的建筑物结构能够使声音的传递更为尖锐与准确，为此，燕农常选择以较厚的砖块为材料建造燕屋。坚固的墙壁能够为金丝燕提供更准确的飞行航线，使其在黑暗中飞行时保持正确的方向，同时也能够确保燕屋适宜的潮湿度。

寻食习性

金丝燕往往会在早上5点就开始飞翔，在早晨第一道阳光射进屋内前，通常都会在燕屋内盘旋着。

根据阳光射进燕屋的方向、路线，金丝燕在6点或7点离开栖息地。如果遇到雨天，它们可能会在上午10点左右才离开。离开栖息地以后，燕子全天都在外边飞行、觅食。

天气炎热时，金丝燕需要飞翔到更高的天空，并在森林中寻找食物。在下午，金丝燕会在河流或湖泊一带捕食；傍晚时分则会在树林间、田园以及油棕园一带寻食，直到晚上7时才会回巢。在干旱季节，昆虫类的食物较少时，金丝燕会飞行到距离栖息地更远的地点寻找食物，所以会在晚上8时才回巢。

栖息习性

金丝燕在判断其栖息地安全后，便会在傍晚时分成双成对地飞回燕屋。这种每天晚上同时间回到栖息地的习性称为"回家习性"。

在繁殖季节，金丝燕饱食后会提早回巢，这是因为金丝燕要迫切地完成燕窝的筑造，以便雌燕能够产卵。在非繁殖季节，金丝燕会延迟返回栖息地。

回巢之前燕子通常会朝向燕屋直飞，然后环绕飞行并徘徊一阵之后才进入燕屋的漫游室及窝巢。燕子进入漫游室后会短暂地绕圈飞并发出"咔嗒"声制造回声，其后才会飞进繁殖室并在窝附近停靠。靠近墙面时，燕子还会发出呼叫声，与其他燕子进行沟通表示友好，最后才进入自己的窝里。

根据观察的结果发现，回巢的燕子不会直接飞进窝内，因此在建造燕屋时要在窝巢室隔壁建造一个房间，让燕子"漫游"。

造窝习性

金丝燕每天都会离巢，飞至周边地区觅食。傍晚时分，金丝燕成双成对地飞回栖息地休息。繁殖期间除了休息还要造窝。一对雌雄燕子共同参与造窝。燕窝由雌雄燕子吐出的唾液与羽毛等筑巢材料相黏而成，最终形成一个类似半个杯状的燕窝。

一对成燕建造整个燕巢的时间大约 45 天，在非繁殖季节，燕窝需要 80 天才能完成。建成燕窝后的 50 天内没有被破坏，雌雄燕子就会进行交配，并在 6～8 天内，雌燕产卵 2 枚。

如果燕窝遭受破坏，雌雄燕子则会在 40 天内快速地再筑造一个窝，但在再造的燕窝中，雌燕会只产卵 1 枚。雌燕在产卵后就停止造窝，而由雄燕接替造窝，继续以唾液增强燕窝的稳固性以及进行其他修补工作。如果燕窝在繁殖期间被采集，燕子就会放弃该地点，远走它处。

雌雄燕子共同参与筑巢

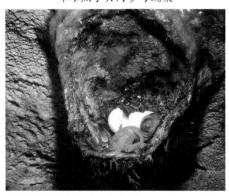
初生的小燕子成长时间约 45 天

燕子孵化期为 14 天。初生的小燕子会有 45 天的时间进行成长。雌雄燕子会轮流喂食。约 40 天后，小燕子已能吊挂在燕窝外，其粪便不会弄脏燕窝。

繁殖习性

东南亚地区的金丝燕的繁殖季节恰逢东北季候风时节，即每年 9 月至翌年 4 月之间。繁殖期间，一对雌雄燕子会在 110 天里共同养育 2 只小燕子。

每年 5 月至 8 月的干旱季节，

燕子外出飞行会减少，唾液系统不活跃，很少进行繁殖。此时，可食的昆虫数量减少，燕子也迎来了蜕换羽毛的时期。此时的燕窝非常薄且掺杂着大量羽毛。

🔥 影响燕子习性的因素

一个地区金丝燕的数量受众多因素影响，包括该地区的地形、气候条件、燕子的食物资源以及燕屋环境等。同时，燕子的天敌、适合繁殖的地点以及燕窝采集的方法等也关系到燕子的生存与数量。

气候的变化将造成燕子食物供应的减少，同时也影响燕子捕捉昆虫的能力。现代化工业及不当的农耕活动所造成的空气污染，杀虫剂广泛使用杀死了不少昆虫也影响了燕子的食物来源，这些因素也严重影响着燕子的数量和燕窝的产量。

气候条件对燕子的影响

在东南亚，中南半岛上主要的气候类型为热带季风气候，而马来群岛上主要的气候类型为热带雨林气候。

中南半岛山川走势多南北纵走，山川相间排列，半岛基部地势较高，地形结构如掌状。气候属大陆性热带季风气候。向南延伸的马来半岛为赤道多雨气候，全年多雨，属热带雨林景观。有干、湿季之分的中南半岛为热带季风林景观，雨量较少的内部平原和河谷为热带草原景观，半岛基部为山地混合林，北部湾和暹罗湾等沿岸分布着红树林。

马来群岛包括大巽他群岛、努沙登加拉群岛、马鲁古群岛和菲律宾群岛等。高峻的地形支离破碎，位于太平洋和地中海—喜马拉雅山火山地震带的会合带，火山、地震活动非常剧烈。大巽他群岛属海洋性赤道多雨气候；菲律宾群岛属海洋性热带季风气候，主要为热带雨林景观。

东南亚全年气候转变主要是由于太阳从北部移动到南部赤道线，而地球围绕太阳旋转。东北季候风及西南季候风带来了潮湿的季节，季候风期间则属于炎热的干旱季节。这样的气候条件对燕子的繁殖生态带来很大的影响，因为气候变化将影响昆虫这一食物来源。

雨季

东南亚的雨季一般是从 10 月至翌年 3 月，恰逢东北季候风。雨水带来生气，万物生长，所谓"枯木逢春犹再发"。在温暖与潮湿的气候条件下，茂盛的森林孕育了许多昆虫，燕子也就拥有了丰富的食物，意味着燕子繁殖季节的来临。

在进入繁殖时期前，燕子会换毛，丰富的食物使得燕子有足够的体能进行羽毛的新旧交替。在蜕换羽毛的过程中，燕子所造的燕窝个头比较小而且会掺夹着许多羽毛。

多风季节

多风的干旱季节，风力强，空气中湿度较低，而在一天当中，空气温度将最高升至 32℃。陆地上的昆虫都被强风吹到海面上，这时燕子便会面对捕捉食物的困难。

相反，多风的雨季却能使昆虫集中在树林，有助于燕子寻找食物，燕子可以重点在森林和林区附近捕食。

干旱季节

旱季，由于空气湿度下降，温度上升，在缺乏雨水的情况下，森林枝叶枯萎而昆虫数量也会减少。为了适应环境变化，燕子延迟繁殖，它们的唾液系统不扩大，仅有稀薄的唾液，因而燕窝体积小并且夹杂羽毛。

这时，燕子的体力集中在日常的新陈代谢所需。小燕子体型更小，而老燕子则因长期干旱和缺乏食物而衰老和死亡。

在旱季，有的燕农会将燕窝中的蛋拿掉，使燕子不需为小燕子寻找食物。长期的干旱对燕子生存和繁殖带来负面影响。

食物链中的金丝燕

贮存于有机物中的能量在生态系统中层层传导，通俗地讲，是各种生物通过一系列吃与被吃的关系（捕食关系）形成彼此联系的序列，生态学上称为"食物链"。金丝燕在食物链中属于"消费者"，是以其他生物或有机物为食的动物，也是食肉性动物。

延伸阅读

　　按照生物与生物之间的关系，可将食物链分为捕食食物链、腐食食物链（碎食食物链）和寄生食物链。一条完整的食物链是由生产者和消费者共同构造的，源头开始于生产者光合作用锁定太阳能。各种生物以其独特的方式获得生存、生长、繁殖所需的能量，生产者所固定的能量和物质通过一系列取食的关系在生物间进行传递，如食草动物取食植物，食肉动物捕食食草动物，不同生物间通过食物而形成链锁式单向联系。

　　根据生物在能量和物质运动中所起的作用，可以将其归纳为生产者、消费者和分解者三类。生产者主要是绿色植物，能用无机物制造营养物质，这种功能就是光合作用，所以它们是自养生物，包括一些化能细菌（如硝化细菌），它们也能够以无机物合成有机物。消费者属于异养生物，指那些以其他生物或有机物为食的动物。根据食性不同，可以分为食草动物和食肉动物两大类。分解者也是异养生物，主要是各种细菌和真菌，也包括某些原生动物及腐食性动物，如食枯木的甲虫、白蚁，以及蚯蚓和一些软体动物等。它们把复杂的动植物残体分解为简单的化合物，最后分解成无机物归还到环境中，被生产者再利用。分解者在物质循环和能量流动中具有重要的意义，因为大约有90%的陆地初级生产量都必须经过分解者的作用以归还给大地，再经过传递作用输送给绿色植物进行光合作用。所以分解者又可称为"还原者"。

觅食地区及限制

　　根据观察，金丝燕常在红树林、椰林、稻田及油棕园等地区寻食。早上燕子飞得较低，中午时则会为了捕捉由于炎热气温而高飞的昆虫而飞行得更高。

　　雨季，金丝燕的食物来源非常充足，这主要是因为寿命短的昆虫在此时加速繁殖。旱季，昆虫繁殖缓慢且分散，燕子食物来源减少。相比在雨季，燕子在旱季的飞行范围更广，以寻找更多的食物。

由于燕子有依据回声辨认方向的能力，飞行路途极远而知返，一天内能来回飞行 20 千米寻找食物。燕子在暮色低垂之前捕捉食物和进食，当夜色尽至时就回到栖息地，在隔天早上气温凉爽时再次出发觅食。

觅食时间

经观察，金丝燕每天的两个进食时间是早上和傍晚。燕子早上离巢后直到晚上才会回巢。它们白天长距离地飞行寻食，体能消耗大，晚上则休息或造窝。燕子的觅食及飞回栖息地都有一定的规律性，有自己特定的飞行途径，飞行时会避开充满烟雾和尘埃的地区。

食物

因燕子无法站立，故不能进食人类为其准备好的食物。它们飞过河川和海洋，也无法捕食水里的各种小鱼虾。

燕子只能在飞行时捕捉各种在空中飞行的昆虫，包括小蜜蜂、白蚁、飞虫及跳蚤等。

燕子习惯在靠近热带雨林的地方造窝，在这些地区，特别是在潮湿的季节，有许多小飞蛾及白蚁可供食用。在旱季，燕子捕捉飞蛾为食。在城市附近地区，它们主要的食物是大蝗虫、飞蛾、白蚁等。

成燕在半空中捕捉到昆虫后，将食物卷成球带回窝巢喂食小燕子。

食物资源及竞争

随着燕子数量的绝对增加，在树林、稻田和农业种植区中的燕子食物资源相对减少，特别是在昆虫食物资源上，面对更多的竞争，无法满足燕子的需求。

另选出路是最佳选择。当竞争激烈时，一些燕群就会分开成小队伍飞到其他树林寻找食物。潮湿的湖泊地区成为燕子理想的家。

在靠近水源、高低茂密的树林中有许多飞行昆虫，其中有些昆虫在水中繁殖后代。

据观察，随着近年大量燕屋的建造，可栖息环境增多，金丝燕数量大大增加，可食昆虫的数量就相对减少。大量的金丝燕为了生存，迁徙到东南亚北部气候较凉的地区。

🐦 金丝燕的地理分布

地理分布

　　世界上的产燕窝的燕子集中分布于东南亚。据马来西亚一名研究燕窝的学者指出，燕窝产区其实相当辽阔，除了我们熟悉的东南亚地区外，西起印度洋的塞舌尔群岛，东至太平洋的马贵斯群岛，北起中国的四川省，南至澳洲的昆士兰，这广阔的环形地带，都分布有生产燕窝的金丝燕。一种名为"喜玛拉亚燕（Himalayan Swiftlet）"的短嘴金丝燕在中国的西藏、四川、云南等地都有踪迹，但是这些地区却尚未听说有燕窝出产。

　　燕窝的主产地有印度尼西亚、马来西亚、泰国、越南、菲律宾、柬埔寨。中国的广东肇庆市怀集县燕岩、海南大洲岛、云南红河州建水县燕子洞亦有燕窝出产。

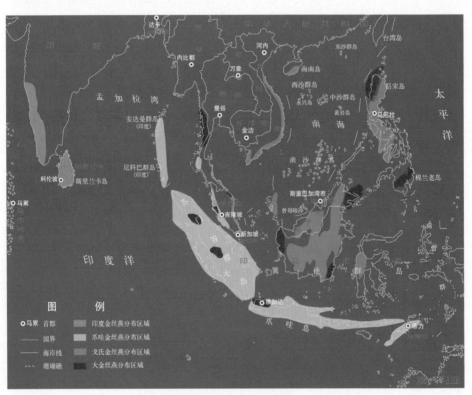

金丝燕分布区域示意图

印度尼西亚

印度尼西亚，简称"印尼"，是亚洲东南部的国家，地跨赤道，位于北纬10°至南纬10°之间，其70%以上的国土位于南半球，因此是亚洲唯一一个南半球国家。印尼国土面积190.46万平方千米，国境东西长度约在5 500千米。海岸线长3.5万千米。与巴布亚新几内亚、东帝汶、马来西亚接壤，与泰国、新加坡、菲律宾、澳大利亚等国隔海相望。属典型的热带雨林气候，年平均温度26℃，四季无分别。雨季在每年10月至翌年4月，降水量丰富。

印尼由太平洋和印度洋之间17 508个大小岛屿组成，其中约6 000个有人居住。火山有400多座，其中活火山有77座。印尼位于全球两大地震带之一——环太平洋地震带上，是一个多地震的国家。

印尼是一个资源丰富的国度，该国农业生产发达，其中可可、棕榈油、橡胶和胡椒产量均居世界第2位，咖啡产量居世界第4位，而所有资源中的瑰宝——燕窝，占全球年总产量的80%以上，位居世界第一。

随着环保意识日益提高，印尼华人发明了燕屋。这些燕屋的结构与普通房屋相仿，却非养鸟，而只是吸引燕子来此聚居筑巢，从而收集到大量的燕窝。燕子仍是野生的，自己觅食。

印尼的金丝燕和燕窝主要分布在加里曼丹、爪哇、苏门答腊、廖内群岛、亚齐岛、坤甸、道房等地。

马来西亚

马来西亚位于亚洲东南的热带雨林区，南接新加坡，北连泰国，西面为马六甲海峡，东面为中国南海。国土面积约33万平方千米。其全部疆域由连接东南亚大陆的马来西亚半岛和位于加里曼丹岛的沙巴和沙捞越组成。为典型的赤道气候，全年气温相若。日夜温差较大，日间达32℃，夜间只有22℃。山区地带气温稍低。马来西亚的气候随季候风而变化，每年9月至12月西岸的内陆地区会有连绵暴雨，只有短暂时间有阳光。东岸、沙巴及沙捞越等地的雨季较迟，一般在每年10月至翌年3月，年平均降水量为220毫米。

马来西亚的金丝燕和燕窝主产地在东部地区，分洞燕和屋燕。如沙捞

马来西亚哥曼东洞

越州的尼亚石洞、砂州山洞、沙巴州哥曼东洞等洞穴有洞燕，在马来半岛东西海岸等地主要出产屋燕。

马来西亚沙捞越州的燕窝以难以采集而闻名，因为那里的天然燕窝都需要人工从陡峭的悬崖洞穴中摘取。据当地人介绍，沙捞越州的吉林岗山脉一带，分布着1 300多个燕洞。这些燕洞一般都归当地的原住民所有，这项所属权是代代相传的。出产燕窝较好的洞穴往往由几个"洞主"共同拥有。尼亚石洞是当地最大的燕窝洞，洞中岩石较老，矿物质较多，在燕子唾液和岩石的化学作用之下，生产出来的燕窝品质较高，因此该洞被人们称为"寸土寸金的地方"，有100多位"洞主"。

燕窝在燕洞内很容易就可以被找到，但如果无止境地采摘，很快便会消耗殆尽，因此当地政府规定了每个燕洞的开放采摘期。一般的岩洞，采摘期由14天至60天不等，平均约30天。此外，金丝燕被列入沙捞越州的受保护动物名单。

马来西亚的燕洞多数都在临水地带，如海边或河流经过之地。在加古斯的一些洞内就架有网，以防止燕窝跌落水中被冲走。

马来西亚燕窝产量占全球总量的13%左右。

泰国

泰国位于亚洲中南半岛中部，东与柬埔寨毗连，东北与老挝交界，西和西北与缅甸为邻，南与马来西亚接壤，东南邻太平洋的泰国湾，西南濒印度洋的安达曼海。国土面积51.31万平方千米，在东南亚地区仅次于印尼和缅甸，居第三位。

泰国地势北高南低，自西北向东南倾斜。地形基本上由山地、高原和平原构成。根据地形，泰国可分为四个自然区域。北部主要是山地，是中国云贵高原怒山山脉的延伸，由北至南纵贯全境。东北部主要是高原，又称呵叻高原，海拔在150～300米。中部主要是著名的湄南河平原，海拔在25米以下。南部是马来半岛的北部，为丘陵地带，东邻泰国湾，西濒安达曼海，海岸线很长，有沿海平原，还有众多的热带岛屿。

每年6月至10月为泰国的雨季，集中了全年85％的雨量，月平均温度在27℃左右。11月至翌年2月为凉季，月平均温度为19℃～26℃。

泰国南部只有少数岛屿出产燕窝，其中最著名的有春蓬府的兰胶周岛、宋卡府宋卡湖中的四岛、五岛，甲米府的皮皮岛以及南部的泰叻他尼府的万伦。

其中，洞燕以罗兰岩山、康士山、宋卡山等地出产为多。南部地区由于金丝燕数量大大增加，可食昆虫的数量相对减少。泰国中部地区，近些年建造了大量燕屋，可栖息地点增多，而南部地区的金丝燕为了生存，大量北上迁徙到中部地区。

泰国燕窝产量占全球总量5％左右。

泰国皮皮岛

越南

越南位于中南半岛东部，北与中国接壤，西与老挝、柬埔寨交界，东面和南面临中国南海，国土面积约33.12万平方千米。地形狭长，地势西高东低，境内3/4国土为山地和高原。越南地处北回归线以南，

越南迎南岛

高温多雨，属热带季风气候。年平均温度24℃左右，全年雨量大、湿度高，年平均降水量为1 500～2 000毫米。北方四季分明，南方分雨旱两季。

越南北部受中国陆地气候的影响，或多或少带有大陆性气候特征。中国东海对其热带季风性湿润气候具有巨大影响。

越南庆和省的海岸线长达200千米，海产丰富，盛产燕窝。越南会安

燕窝是最有名的洞燕窝，这种燕窝以其膨胀度惊人而享誉全球。会安燕窝还可根据出产地细分为会安燕、归仁燕和芽庄燕三种。

菲律宾

菲律宾共和国简称"菲律宾"，位于亚洲东南部的菲律宾群岛上，北隔巴士海峡与我国台湾省遥对，南与马来西亚、印尼隔海相望，国土面积约 29.97 万平方千米。全部岛屿可分为北部的吕宋岛、中部的米沙鄢群岛、南部的棉兰老岛、西南部的巴拉望岛和苏禄群岛四大部分，南北纵列，构成了太平洋西缘花采状岛弧和火山地震带的一部分。

菲律宾属季风型热带雨林气候。气候特点是温度高、降雨多、湿度大、多台风。年平均温度约 27℃，年平均降水量从北往南由 2 000 毫米递增到 3 000 毫米，每年 7～11 月，多台风雨，常引起洪水泛滥和严重的土壤侵蚀。南部地区终年多雨，北部地区有明显的旱季和雨季。高山地区年平均降水量高达 4 000 毫米以上，冬季较凉，夜间常有霜或薄冰。

菲律宾著名的"燕窝村"——埃尼尔多，位于巴拉望岛北部。与马来西亚和印尼相邻的岛屿也有金丝燕分布和燕窝出产。

柬埔寨

柬埔寨位于东南亚中南半岛南部，东部和东南部与越南接壤，北部与老挝交界，西部和西北部与泰国毗邻，西南部濒临暹罗湾，国土面积约 18.1 万平方千米。海岸线长 460 千米。中部和南部是平原，东部、北部和西部被山地、高原环绕，大部分地区被森林覆盖。豆蔻山脉东段的奥拉山海拔 1 813 米，为境内最高峰。湄公河在境内长约 500 千米，流贯东部。柬埔寨洞里萨湖是中南半岛最大的淡水湖泊，低水位时湖面面积 2 500 多平方千米，雨季时达 1 万平方千米。沿海多岛屿，主要有戈公岛、隆岛等。属热带季风气候，年平均温度 29℃左右。

在暹罗湾的西哈努克海岸边，西哈努克省适宜兴建燕屋。2011 年，柬埔寨开始拥有本国出产的燕窝。

中国

我国的燕窝主产地有广东肇庆市怀集县燕岩、海南大洲岛（已封岛保护）和云南红河州建水县燕子洞。除了大洲岛燕窝属于可食用燕窝外，其余均属草燕窝。

广东肇庆市怀集县燕岩

怀集县位于广东省西北部，肇庆市北部，绥江上游，四周环山，域内海拔 1 000 米以上的山峰有 60 余座，东接阳山县、广宁县，南连德庆县，西接封开县和广西贺州市，北邻连山县与连南县，是广东省西北部通桂达湘的重要交通枢纽。怀集县位于北回归线北侧，属亚热带气候，夏长冬短，雨量充沛，气候宜人，是个宜于人居又适宜万物生长的地方。

怀集桥头镇是一个典型的喀斯特地貌地区，在这里分布的 170 多个溶洞中，燕岩是最为恢宏、有气势的一个。

怀集因燕岩栖息着 10 万多只燕子（当地人称为"石燕"，有专家鉴定是小白腰雨燕），每年可产燕窝 150 千克而闻名遐迩，被誉为"岭南燕都"，是中国内陆燕子大规模的集聚地和草燕窝产地。

广东肇庆市怀集县燕岩

每年 6 月 6 日，为了庆祝燕子节，怀集人除了赶庙会祭祀"燕神"之外，还举行各种各样的活动，如吃燕窝、攀岩、对山歌、演贵儿戏等，这些活动从明朝就开始了，逐渐形成了燕子节的习俗。

海南大洲岛

万宁市位于海南岛东南部沿海，属热带季风气候，气候特征主要表现为：一是气候温和、温差小、积温高。年平均温度 24℃，最冷月平均温度 18.7℃，最热月平均温度 28.5℃；全年无霜冻，气候宜人。二是雨量充沛，年平均降水量 2 400 毫米左右。三是日照时间长，年平均日照时数在 1 800 小时以上。

海南大洲岛位于万宁市东南部，有二岛三峰，是海南沿海最大的岛屿，唐宋以来一直是航海的

大洲岛 2002 年采摘的
2 个燕窝之一

标志。大洲岛还是一个赏海观景旅游胜地，1990年，大洲岛被批准为国家级海洋生态气候自然保护区。

大洲岛是我国少数的金丝燕窝产地之一，大洲燕窝就产于此。清朝末年，岛上有南罗、暗岩和大架三座燕洞，现仅南罗洞有燕子栖息筑窝。2002年大洲岛上仅采摘到2个燕窝，2006年9月全岛只剩15只金丝燕，现在已经处于长期封岛保护的状态。

云南红河州建水县燕子洞

云南建水县位于低纬度地区，北回归线横穿南境，属南亚热带季风气候。建水县光照时间长，无霜期长，有效积温高，受季节和地形变化影响，呈现出夏季炎热多雨、冬季温和少雨的气候特征。

建水县年平均温度19.8℃，年平均地温20.8℃，相对湿度72%，年平均日照时数2 322小时，年平均降水量805毫米。全年无霜期307天。

建水燕子洞位于建水古城以东28千米处，距昆明约200千米，号称"洞幽燕奇，南天一绝"，是西南地区保护最好、洞内景观最丰富、容量最大的溶洞群。洞中水、洞中洞、洞顶倒挂钟乳石千姿百态，自成独立景点多达几十处，恍若置身琼瑶仙境，是一座名副其实的"岩宫石府"。

每年春夏之际，有数十万只白腰雨燕从马来西亚、印尼等地飞来聚居于此筑巢孵卵。每年春夏燕飞如万箭齐发，十分壮观。保加利亚洞穴联合会主席、著名洞穴专家P. 贝龙博士对此洞给予极高评价："燕子洞是亚洲最壮观、最大的溶洞群之一。由于它有燕子、巨大的面积和河流，在世界级的溶洞群中也是突出的。"

建水燕子洞在每年8月8日举行采燕窝活动，攀岩高手齐集于燕子洞采燕窝。垂直的岩壁，采燕高手徒手爬到洞顶，而且没有任何安全措施，惊心动魄。燕子洞不仅以燕窝闻名，自1987年开发游览以来，也是旅游胜地，游客如云，每年有40余万人次之众。

云南建水燕子洞

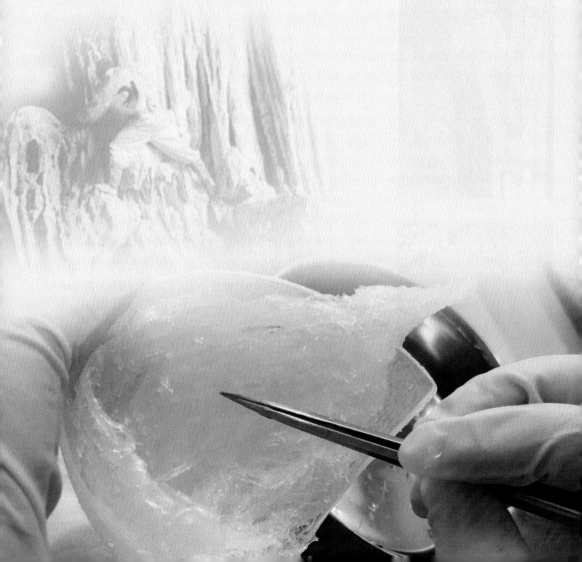

第四章

燕窝的采摘与加工

燕窝的采摘

燕窝不是采摘下来就能直接吃的，还需要经深加工，才能供人食用。

目前，市面上销售的燕窝分为两种，洞燕窝与屋燕窝，其中，洞燕窝因采摘困难，价格昂贵。由于金丝燕巢总是筑在高险处，攀岩壁采燕窝是十分艰苦而又危险的劳作。采集者背负一囊，攀登于悬崖陡壁之间，犹如猴子一般地踏着空穴，扒着缝隙，四处搜寻着采集物。他们身轻如燕，胆大如鹰，有时手足呈"大"字形，攀爬在岩壁之上；有时则借助绳索如荡秋千于峡谷之中。一举一动扣人心弦，一旦失足坠入深壑，就要粉身碎骨了。

在中国的怀集，可以看到专门的采燕窝人员，身怀绝技，徒手攀崖上壁，堪称"世界一绝"。该绝技世代相传，全桥头镇怀此绝技的也不出十人。他们通常带着一根绳子，采到燕窝就用这根绳子传给下面的人，采不到燕窝就把绳子放下来拿饭上去吃，有时甚至就在岩上过夜，直到采到燕窝了才下来。

马来西亚的沙捞越一带的洞壁往往高达百米，采燕人采摘燕窝时要顺着一节节连接起来的竹梯爬上去，颤悠悠地进行高空作业，再用一种三齿小铁叉把燕窝从岩壁上刮下来，一不留神就可能摔得粉身碎骨。因此，在采集燕窝的季节来临时，原住民会在洞穴外用竹竿摆一个"平安阵"，进行简单的祭祀仪式，祈求平安。

燕窝之所以名贵，除因其自身确实有滋补功效之外，也因采集燕窝十分困难，是稀缺资源。

采摘洞燕

采摘屋燕

以下为采集洞燕和屋燕所使用的工具：

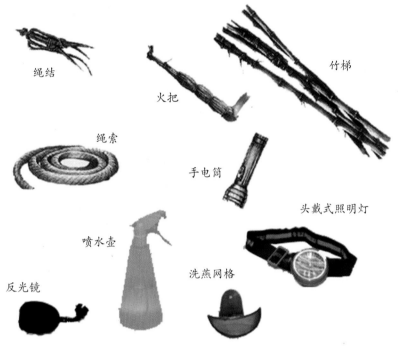

从上图的装备看，火把、手电和头戴式照明灯是同类装备，而采洞燕还有以下装备：

1. 竹梯。用于攀爬悬崖峭壁。为了保护野生环境，只有获得政府准许的企业才能限时采摘，采摘时间在非繁育期和非育雏期。

2. 绳索。一头用于固定岩石，一头拴住腰，采燕人的生命悬于一绳之上，极其危险。

以下采屋燕的装备是采洞燕所没有的：

1. 反光镜。采屋燕前必须用专用的反光镜看一下燕窝内是否有小燕子或燕蛋，只有空巢的燕窝才能采摘。

2. 喷水壶。确认是空巢后，先用水喷淋，可确保采下的燕窝盏形完美无缺。

3. 洗燕网格。用于清洁燕窝。由于洗燕窝费时、费力，屋燕口感又较细腻润滑，所以清洁的屋燕的价格高于未经清洁的毛燕。

采燕程序：

1. 采燕工人趁燕子外出觅食时，将燕窝取下。采摘时一定要小心翼翼，不能让燕窝掉下来摔碎，摔碎的燕窝价格会下降很多。

2. 采摘后，先向燕窝洒水，使其膨胀，放入用钢丝自制的燕模中，用镊子把燕窝上的毛和杂质等一一挑出。

3. 将挑净的燕窝晾干，进行包装后即可上市销售。

燕窝的加工

燕窝从燕屋或燕洞采摘下来后，是带有金丝燕的羽毛的，这时的燕窝叫"毛燕"。毛燕不能直接食用，需要进一步加工，才能变成我们市面上见到的可食用的"净燕"。

燕窝原料采摘后就会被送至工厂进行加工，加工步骤大致为：分拣分类、消毒清洗、挑毛定型和包装检测四部分。

毛燕的等级

根据含毛量多少，毛燕等级可以分为：极轻毛、轻毛、中轻毛、中毛、重毛。

极轻毛原料　也叫"特轻毛"原料，含毛少，小黑点少，属顶级原料，产量极稀少（一般100千克里面只可选出200～400克），一般每年12月中旬到翌年3月之间的头期燕窝中可以甄选出来一些。这样的毛燕可以干挑，因为里面含有的细毛和杂质少，燕窝稍稍沾水就可以挑去杂质。但是仍然有一些小杂质和细毛卡在燕窝窝身和底座中，干挑无法剔除掉。想要完整地保留燕网（燕囊）依然是困难的。真正适合纯干挑的燕窝原料极少，无法达到量产。

轻毛原料　含杂质少，黑点少，适合纯手工挑毛，最后燕盏能保持完好，产量少（一般100千克里可选5～10千克）。轻毛燕无法实现干挑，只能半湿挑或者湿挑。因为轻毛燕中有很多小毛和黑点卡在燕网、底座和窝身内部，不浸泡燕窝根本无法剔除。

中轻毛、中毛原料　含毛量较多，杂质较多，黑点和小细毛多。这样的原料占据毛燕的20％～50％，质量根据不同季节和产地以及燕屋的管理水平而有差异。中轻毛、中毛原料适合挑燕条和干净度较差的燕盏，只能采用湿挑工艺。

重毛原料　含毛量多，杂质也很多，燕窝颜色发暗、发灰，通常含有燕粪痕迹，这样的原料占据毛燕的20％～50％。重毛燕不适合手工挑毛，有极个别无良工厂会收集重毛燕原料做漂白化处理。

毛燕加工流程

1. 分拣分类。首先根据原料的优劣等级进行一次挑选分类，分出燕盏、燕条、燕碎等不同的类别，再分出不同级别的原材料。每间工厂都有自己的燕窝质量等级系统，如特级、标准、普通、圆底等级别，也有些工厂以5A、4A、3A等区分燕盏的质量等级。

2. 消毒清洗。分拣分类过后，可用的毛燕原料将在特定温度和时间内进行消毒，然后冲水清洗。在马来西亚，有些燕窝加工厂已经采用专业的燕窝清洗设备对毛燕进行初步机械喷水清洗，清洗后的毛燕已经去除大部分的粗毛和杂质，从而减少了后续的细挑毛的时间，提高了挑毛的效率。但有些加工厂采用干挑的作业方式，就不需要清洗毛燕。

3. 挑毛定型。工人用镊子纯手工挑出燕窝中的燕毛，这是最为耗时、耗力的一步，具体的挑毛时间长短基本取决于燕窝原料的等级。挑毛过程分三道工序：初挑——细挑——精挑。这样才可以将燕毛清除干净。挑毛完成后，燕窝会被再次清洗、加工定型，以保持完整的外形。定型后的燕窝，还需要进行风干。由于其特殊性，燕窝是不可以日晒的，更不能用烘烤之术将其烘干，需要放在阴凉之处，用风扇来风干，使之定型。风干后，一盏燕窝就做好了。但是有一些燕窝做好后，由于个别地方还有些瑕疵，比如盏形、燕角和颜色等问题，还需要对其进行精修，使之看起来更加漂亮。

4. 包装检测。燕窝挑毛定型后就到出厂前最后一步了。正规的燕窝加工厂会对即将出厂的燕窝进行内部检测，主要的检测内容是亚硝酸盐、霉菌和重金属含量等。同时也会接受当地检验检疫部门的检测监管，符合要求才让产品出厂。最后，工厂会对加工好的燕窝进行包装。这样，经过一系列的加工流程，燕窝就可以出厂了。

燕窝加工过程图

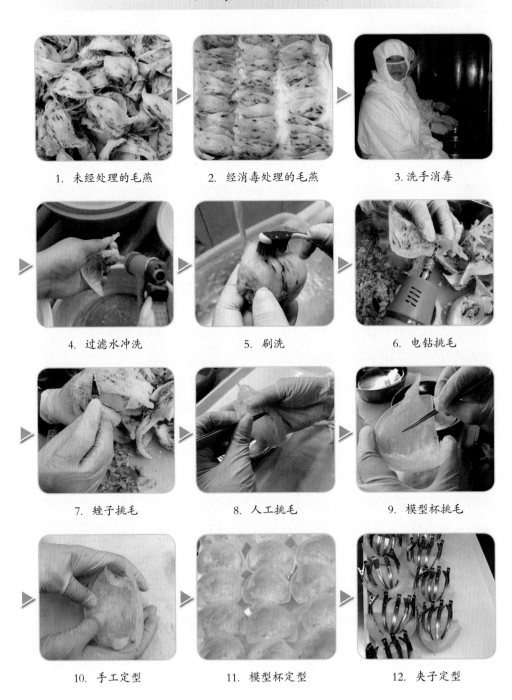

1. 未经处理的毛燕　　　2. 经消毒处理的毛燕　　　3. 洗手消毒

4. 过滤水冲洗　　　5. 刷洗　　　6. 电钻挑毛

7. 锉子挑毛　　　8. 人工挑毛　　　9. 模型杯挑毛

10. 手工定型　　　11. 模型杯定型　　　12. 夹子定型

13. 经烘干消毒的燕窝放入包装膜

14. 包装封口热封

15. 包装好的燕窝

干挑与湿挑的区别

燕窝的加工比较费时、费力，除了手工挑选别无他法，因此对工人的眼力和"挑工"的要求非常高，初学者可能一天也挑不完一个，普通工人一天最多也只能挑3～4个，熟练的工人能做到一天挑7～8个。

燕窝挑毛分干挑（半干挑）和湿挑（半湿挑）两种工艺。加工过程一般是密盏通过干挑的方法加工处理，疏盏使用湿挑的方法加工处理。在市场中，商人对这两种工艺也有不同的解释。卖密盏的卖家说干挑工艺好，因为燕窝原料的绒毛和杂质少所以挑出来的燕窝没有那么多缝隙，是密的；而做疏盏的卖家说湿挑工艺好，因为干挑是难以纯手工完成的，密盏很多是刷胶和漂白的产物。以下让我们来分辨一下。

干挑（半干挑） 当要挑燕盏时，把燕盏表层附带的污物，如蛋壳、小黑点等洗刷干净。湿水的时间不能太长，要使燕盏在水分吸收后保持八成干左右。干挑可以使盏形保持得比较好，泡发好，味道和口感都较好，运输过程中不容易破。一般只有极轻毛燕才能适合于干挑工艺。缺点是干挑的燕窝容易挑不干净，因为很多小毛都卡在燕丝内，亚硝酸盐含量较难控制，有时会不合格。

湿挑（半湿挑） 需要用水反复刷洗，然后用医用吸水纸吸干水分，浸泡毛燕软化后再挑毛。优点是湿挑后燕窝干净度高，亚硝酸盐含量合格。缺点则是燕盏变形，运输过程中容易破，燕丝容易在浸泡和刷洗过程中断掉，燕窝结构被破坏，对燕窝的泡发有一定的影响。

其实，燕窝的形状、产地都不需过于看重，湿挑、干挑也不重要，最

重要的是纯天然，不使用化学药水洗毛，全部人工挑毛，不要刷胶，全部用夹子定型，自然风干，就是消费者的最佳选择！

🔥 燕窝的分类

根据不同的分类依据，燕窝可分为几个种类，以下是燕窝的品种及其分类依据：

按金丝燕筑巢的地点分：洞燕（窝）、屋燕（窝）。

洞燕（窝）　即金丝燕在野外的山洞、沿海峭壁筑的巢窝。早期无序的滥采乱挖以及环境变迁，使金丝燕的生存环境受到破坏，现在泰国一些燕洞中只留下昔日用于采摘燕窝的竹梯，而燕子早已寥寥无几。随着洞燕窝产量减少和环保呼声日益高涨，洞燕（窝）已经逐渐被屋燕（窝）所取代。洞燕品种有：红洞燕、白洞燕、黄洞燕、红脚洞燕、毛洞燕、草洞燕。

屋燕（窝）　是东南亚一带的特产。在印尼，从荷属殖民地时期开始已有人仿照燕子的生活环境营建燕屋。屋燕（窝）也就是人们常说的筑建于此类燕屋内的燕窝。相较寻常的房屋，燕屋的外墙周围多了一些用于透风的圆形的小孔，让燕屋的空气更加畅通。另外，燕屋顶部四方开辟有窗口，便于燕子出入燕屋。这种燕屋分布在印尼各地，沿海地区及爪哇一带更是燕屋的集中地。马来半岛、沙捞越以及沙巴也是营建燕屋的主要地区。近年，泰国、柬埔寨南部的一些地区也开始营建燕屋。屋燕品种有：红燕、白燕、黄燕、毛燕、草燕等。

燕屋

从洞燕（窝）到屋燕（窝），金丝燕改变了筑巢的环境，其生活习性并没有变化：金丝燕仍是野生，清晨外出觅食，傍晚归来。由于受到人为的保护，屋燕繁衍得越来越多，所筑的燕窝被及时采摘，营养成分流失少。研究表明，两种燕窝的营养成分组成差异很小，但是洞燕（窝）的抗病毒作用远高于屋燕（窝）。

按颜色分：白燕（窝）、黄燕（窝）和红燕（窝）。

白燕（窝） 金丝燕所筑的燕窝在刚筑好时，颜色一般都比较白，称为"白燕"。官燕、贡燕均指盏形完美的极品头生燕窝。官燕一般为金丝燕第一次筑的巢，完全依靠它们喉部分泌出来的大量唾液逐渐凝结而成，这种燕窝质地洁白、质量最佳，是燕窝中的极品。据说古代贡奉燕窝给达官贵人时，会单独挑选干净完整的优质白燕，"官燕"之名便由此而来。

黄燕（窝） 金丝燕所筑的巢，会因金丝燕所吃的食物氧化及筑巢所在的环境变化而有所不同，虽是筑在同一个环境中，也会因燕巢形成的时间及空气温度、湿度不同而呈不同的颜色。一般而言，燕窝存在的时间久了，其颜色会由珍珠白色（白燕）慢慢转变为珍珠黄色（黄燕），这是受氧化的结果，属自然现象，类似削了皮的苹果放久了，因接触空气中的氧，产生氧化作用而变色一样。大多数的金丝燕从筑巢、产卵、孵化，到小金丝燕离巢，大概需要 90 ～ 110 天。为了让金丝燕有足够的时间繁衍，燕屋屋主一般会在小金丝燕已离巢后再采收燕窝。所以，燕窝从完成到采收的间隔一般都会超过 3 个月，颜色是很自然的灰白或珍珠黄。少有的白如纸的燕窝，则有可能是使用漂白剂加工过的。

红燕（窝） 俗称"血燕"。据早期有些

白燕

黄燕

红燕

辞书记载："第二次窝又被采后，燕接近产卵时期做的第三次窝，因所吐的胶质中带有血丝，故称血燕窝。"因此，食用红燕（窝）一直受到环保和宗教人士的批评。但红燕（窝）呈红色并非是金丝燕吐血的结果，因为血红蛋白如被氧化会成为黑褐色的高铁血红蛋白，不可能呈现鲜红色。所谓的"血燕"，实际上是燕窝被洞壁上的矿物质长时间的渗透以及洞燕本身氧化而成的。燕窝颜色的不均匀，是山洞矿物质组成的不同及对其渗透时间的长短不一而造成的，从灰黄色、土黄色到棕褐色。如果屋燕（窝）长时间不采摘，在一定温度、湿度下，经过氧化和微生物的作用，其颜色也会逐渐变深。因此，不存在真正的"血燕"，那只是古人的一种臆测，后人以讹传讹，将其神化，以抬高价格，致使业界或消费者长期以来误把红燕（窝）当血燕（窝），造成概念上的混乱。

按出产形态分：金丝燕（窝）、草燕（窝）和毛燕（窝）。

金丝燕（窝）　是金丝燕属与侏金丝燕属燕子筑的窝巢，清洁后可食用。人们将从山洞或燕屋里采摘下来的带有羽毛的燕窝，称为"原料"。原料进入各地加工厂，经手工清洁后，再分类包装销往世界各地。

草燕（窝）　是燕子叼取草丝混合唾液筑造的窝巢。因此，草燕所筑的窝巢质地较差，表面都布满了碎草丝，有些草燕窝内甚至有尼龙、塑料，是燕子食后不能消化所致。所以，辨别草燕较其他种类燕窝容易，基本上"有草便是"。这种燕子在菲律宾南部的苏禄海一带为多，所以也称为"菲律宾草燕"。高品质的草燕（窝）以燕丝为主，劣质草燕（窝）则多有杂质及粒状物体，口感粗糙。草燕（窝）的加工相较毛燕（窝）简单。在加工厂，工人把草丝、杂物从燕窝里挑出来，才能进一步处理。之后，再按市场的需求编排成各种形状。

草燕

草燕（窝）还分为屋草燕（窝）及洞草燕（窝）两大类。屋草燕（窝）是指草燕用碎草和唾液在燕屋里筑的燕窝，与屋燕（窝）的差别在于筑窝的燕子种类不同。以肉眼观察，屋草燕（窝）的颜色呈淡绿色。洞草燕（窝）则为飞入岩洞筑巢的草燕所建的窝，也是用草丝混合唾液所筑的窝巢。洞草燕（窝）的形状差异很大，有的盏形清楚，有些则不规则。洞草燕（窝）多呈黄绿色，是有些工厂生产即食燕窝的原料之一。

草燕（窝）的香味较屋燕（窝）和毛燕（窝）逊色，因而价格较便宜。草燕（窝）经加工后，通常以燕丝、燕碎、燕条及燕饼等形式售卖。

毛燕

毛燕（窝） 从野外山洞直接采摘下来，和高品质燕窝差异极大。毛燕（窝）因无法分离杂质和燕丝，以前是用丝袜包着煮溶食用，多用以入药，现在则打碎后再去毛加工成燕饼或燕碎，且由于杂质多、颜色不好，或者要重新黏合，需要使用化学添加。因此，毛燕（窝）的营养价值和经济价值都较低。

现在所称的"毛燕"含义与此不同，泛指未加工的燕窝原料，包括屋燕和洞燕原料。"毛"与"净"相对应，前者指未加工，后者指已加工。

按形状分：燕盏、燕条、燕丝、燕角、燕饼、燕碎。

燕盏、燕条、燕角因较完整，营养价值比燕丝、燕碎更高一些；燕条纹理密实，色泽晶莹，口感细腻润滑；燕角口感浓厚爽口，耐嚼；燕丝较利于吸收；燕饼价格较便宜；燕碎口感较差。

燕盏 采摘后，完整的燕盏根据盏形的大小与完整程度，分成不同的等级。顶级官燕的盏形宽大、厚实且呈完美半月形，天然纤维紧密，干净、杂质少，挑毛后外面的天然蜡面和内面的网丝仍然保存完好。还有三角燕盏，呈三角形状，为金丝燕筑在燕屋墙角的燕窝。

燕条 许多完整的燕盏在挑毛、包装或运输的过程中被压碎，无法形

燕盏   燕条   燕角

成盏形，就成为燕条。其香味和口感稍差，但营养价值是一样的。由于卖相较差，故价位较燕盏低。

　　燕丝　　燕丝是工人挑毛时脱落下来的燕窝条末，将其集中后包装，由于外形较燕条碎，呈丝状，故而称之。燕丝口感较燕盏、燕条差，杂质比燕盏多，炖制后很碎。但价位较低，可满足低收入消费群体的需求。还有由燕丝制成的燕网、燕球、燕块等，这类产品在加工过程中，有可能使用食用胶黏合成型，故价位较低。

　　燕角　　燕角是金丝燕用来固定燕窝两端的部分，是燕窝的"承重梁"。工人修整燕盏时，将燕盏边角不规则的部分修剪下来，呈角状。燕角的质地较硬，更具嚼劲，但发头小且浸泡时间要更长，一般要 10 个小时以上。

　　燕饼　　原料是杂质特别多的毛燕（窝），经过人工挑毛和机器清洗，成为燕丝和燕碎，再用模型压制而成的。制作过程中有可能添加化学剂清洗，并使用食用胶黏合。

　　燕碎　　燕碎是燕盏在采摘或运输过程中被压碎形成的细小碎末，燕窝各个部分碎下来的都有，口感较差。

燕丝   燕饼   燕碎

燕窝及其制品的种类划分，见表 4-1。

表 4-1　燕窝及其制品的种类划分

划分依据	燕窝名称及描述			相互关系
燕子筑巢的环境位置	屋燕	洞燕		洞燕产量稀少，逐渐被屋燕所取代
	在燕屋中采摘得到的燕窝，燕屋是人为搭建，金丝燕仍是野生	采自岩洞的天然燕窝		
燕窝的品质	官燕	毛燕	草燕	毛燕和草燕的筑巢材料以羽毛和杂草为主，官燕以唾液为主
	由高品质的头期燕窝加工而成，雪白鲜嫩、盏形完美，为极品，古代进贡给宫廷的	由唾液和羽毛构成	由唾液和杂草构成	
燕窝外观的色泽	白燕	红燕	黄燕	红燕通常只有洞燕中才有
	质纯而洁白，为燕窝中的上品	燕窝（仅附着面）被所附岩石壁的红色矿物质所渗润，颜色不均匀，呈晕染状暗红色或棕红色	燕窝（仅附着面）被所附黄色岩石壁渗出的黄色矿物质渗润，或屋燕长时间受环境等外界因素影响而呈黄色	
燕窝的外观形状	燕盏	燕角	燕饼	燕碎，燕条，燕丝，燕块等	品质有差异
	是金丝燕为繁育后代筑的窝，形状成盏形，属极品	燕窝在根墙壁基的黏合部分	由加工后的毛燕、草燕、洞燕压制而成	由加工后的毛燕、草燕、毛洞燕、草洞燕压制而成或依据采摘、运输中的破损程度分出等级	
燕窝制品的种类	固体燕窝	即食燕窝		即食燕窝是用毛洞燕、草洞燕、草燕制成品为原料制成的，高品质的即食燕窝则用白燕盏为原料

燕窝的商品规格

燕窝经过挑毛处理以后，加工即为市场所售的燕窝。商品规格有以下区分：

特等白燕：盏形厚大且完整饱满，色泽白皙、晶莹剔透，为金丝燕第一次筑的窝。

一等白燕：盏形较完整、比较饱满，色泽洁白、晶莹剔透。

二等白燕：盏形不太完整、有少许裂缝、比较饱满，色泽较白。

一等白燕条：白燕盏在采摘或运输过程中被压碎形成的较大条块。

二等白燕条：白燕盏在采摘或运输过程中被压碎形成的较小条块。

三角白燕：金丝燕将巢筑与墙角形成的三角形的白色燕盏。

白燕角：金丝燕巢加固与墙壁根基的黏合部分，口感香浓。

白燕网：燕窝中间支撑蛋只和小燕的纤细网状物，口感细腻润滑。

白燕碎：白燕盏在采摘或运输过程中被压碎形成的细小碎末。

带毛白燕：盏形较完整、比较饱满，燕盏中带有些许燕毛。

白洞燕：山洞中采摘，盏形较完整、不太饱满，色泽较黄，较难泡发。

特等黄燕饼：由黄燕加工而成，其色泽是因燕子所吃食物而形成，两面都有燕条。

特等金丝燕饼：由白燕加工而成，也有由毛洞燕、毛屋燕加工制成的，口感较硬，浸发时间也较长。

一般认为，特等白燕是品质最高的燕窝，燕盏形状厚大而完美，干净、杂质少，色泽好，燕角小，表面规格宽度为4～5厘米。每只重量为11～12克。如爪哇金丝燕、白腹金丝燕等首次筑的巢，巢色洁白，型质光洁，呈半碗形，厚0.3～0.5厘米，每个重约12克，略有清香，浸水柔软而膨胀幅度很大，可达原燕窝的8～10倍，品质极佳，为燕窝之上品。

一级燕窝盏表面规格宽度为3～4厘米，这个等级是市场需求量最大的，每只约重为8～11克（国内很多商家都以此等级做礼盒包装，并以70～80元／克的高价出售）。三角燕窝表面规格宽度为2～3厘米，每只约重7～8克。

第五章

燕窝的鉴别

民间传统鉴别方法

民间流传的鉴别燕窝真伪的秘诀是："一看二闻三拉四烧五炖。"

一看，燕窝应该为丝状结构，纯正的燕窝无论在浸透后或在灯光下观看，都不完全透明，而是半透明状。由片块结构构成的不是真燕窝。

二闻，燕窝有特有的馨香，但没有浓烈气味。气味特殊，有鱼腥味或油腻味的为假货。

三拉，取一小块燕窝以水浸泡，浸软后取丝条拉扯，弹性差、一拉就断的是伪品；用手指揉搓，没有弹力能搓成糨糊状的也是伪品；血燕和黄燕浸泡后变色的是伪品。

四烧，用火点燃干燕丝，天然燕窝有头发烧焦的味道，伪品有类似塑料制品燃烧的刺鼻气味。

五炖，真燕窝炖后带有蛋白清香味，晶莹剔透，口感细腻爽滑、富有弹性；而假燕窝炖后有鱼腥味、明胶味，且没弹性，或成烂糊状。

性状鉴别法

正品燕窝

完整的正品燕窝呈不规则的半月形，边缘较整齐，呈半透明状，表面颜色有类白色、黄白色（白燕）、淡红色、红色、红棕色、深红色（血燕）等。内侧粗糙，凹陷成窝，底部及两侧呈丝瓜络状，较均匀，外侧面隆起，略显横向条纹，中部常有裂隙，常杂有灰黑色的细羽绒及有色物等。干燥的燕窝质地硬而脆，略带腥味，微咸。

正品燕窝

用树脂制成的假燕窝

掺假燕窝

掺假燕窝的形态与正品燕窝基本一致，不同的是掺假燕窝会使用猪皮、动物骨胶、明胶、粉丝、银耳、海藻等在燕盏、燕角内侧加厚，增加燕窝的重量。加厚燕盏中部的裂隙被填满，底部及两侧仍呈丝瓜络状，但粗细不均匀，也不规则，没有横向条纹。

正品燕窝与掺假燕窝的性状鉴别可见表5-1。

表5-1 常见燕窝性状鉴别方法

方法	正品燕窝	掺假燕窝
水溶液	水泡后水无油渍亦无黏液	水泡后水面有油状物漂浮，水色白而混浊，或有黏液
形状	呈丝条状，长短粗细不一，或结块状，且不规则	呈糊状或规则状
发头	可达原燕窝的6～15倍，此差异视原燕窝已含有之水分多少而异	发头很小
气味	燕盏带有蛋白清香味或类似婴儿的口水味，煮后有蛋白香味	有鱼腥味、明胶味、油炸气味或化学药水味
颜色	呈透明的白色或灰白色	颜色白灰，对光照不透明，或有浑浊感
口感	口感细腻爽滑、富有弹性	口感干涩，没弹性，或弹性异常，或成烂糊状

显微鉴别法

显微鉴别法分为体视镜法和显微镜法两种。

体视镜法①

体视镜下，正品燕窝与掺假燕窝的主要区别在于透明度、表面纹理及绒羽的存在与否等方面。如右图所示，体视镜下的正品燕窝分层排列，具细密的平行纹理，立体清晰，呈现有规则的窝状。掺假燕窝分层不清晰，反光略强，有不规则颗粒状，有的杂有灰黑色。

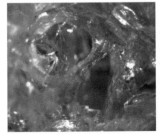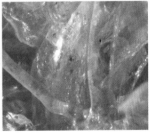

体视镜下的正品燕窝

---

① 林洁茹，周华，等. 体视镜在燕窝鉴别中的应用 [J]. 中药材，2006(03).

显微镜法

在高倍镜下，正品燕窝呈类长方形、三角形或不规则形晶块，半透明，边缘平整，具光泽。表面及断面具细密的纹理，多平直或略弯曲，少见梭形纹理，有的呈放射状或弧状；有的团块隐约可见交叉的横向条纹，偶见不具纹理的小块片。有的可见少许灰色、棕色或灰黑色的绒羽，绒羽形态较自然。

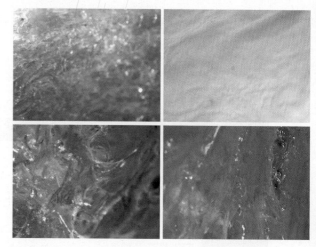

涂胶燕窝	雪耳
蛋清刷胶燕窝	淀粉糊刷胶燕窝

🔥 理化鉴别方法

荧光反应

正品燕窝在 254nm（纳米）紫外灯下显黄绿色荧光，而掺假燕窝显黄紫色荧光。

泡沫反应

正品燕窝膨胀率达 60%，且泡沫丰富，掺假燕窝无泡沫或有少许泡沫。

沉淀及显色反应

沉淀反应　正品燕窝加入稀盐酸不产生沉淀，混有明胶的掺假燕窝加入盐酸有沉淀。

显色反应　正品燕窝加适量稀盐酸，煮至沸腾，显棕黄色或棕黑色，有大量气泡，并分散成碎片状，而掺假燕窝样品不会产生大量气泡。

灼烧实验

正品燕窝灼烧时会轻微迸裂、起泡，有微烟、微焦臭，炭化灰白，灰可溶于稀盐酸。而掺假燕窝灼烧时会产生剧烈声响并飞溅火星，不起泡，产生的烟较多，且炭灰不溶于稀盐酸。

光谱鉴别法

紫外光谱法（UV）[1]

正品燕窝在紫外线276nm（纳米）处有最大吸收峰，而掺假燕窝的掺假物，如银耳、琼脂、明胶、猪皮在紫外灯照射下没有明显的紫外线吸收。

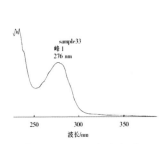

燕窝水提取液的紫外光谱图

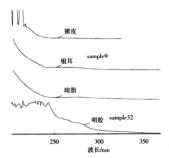

几种掺假物水提取液的紫外光谱图

红外光谱法（FTIR）[2]

正品燕窝和掺假燕窝的红外光谱的差异主要表现在蛋白质、氨基酸和多糖等主要营养成分的吸收峰上。下图表示的是燕窝正品和掺假样品的红外光谱图，从图上可以看出：两种光谱图除了多糖的1047cm^{-1}附近的峰不同之外，在亚甲基的吸收峰2935cm^{-1}、蛋白质和氨基酸的吸收峰1647cm^{-1}、1533cm^{-1}、1447cm^{-1}等处的峰形、峰位和峰强度均相差无几。显然，该掺假燕窝样品中掺假物质主要是明胶。

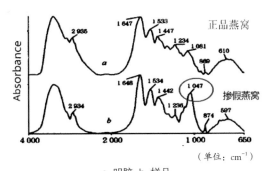

a. 明胶 b. 样品

正品燕窝和掺假燕窝红外光谱图

---

① 查圣华，姜水红，等. 燕窝及其伪品鉴定方法研究 [J]. 食品科技，2010（04）.
② 邓月娥，孙素琴，等. FTIR 光谱法与燕窝的品质分析 [J]. 光谱学与光谱分析，2006（07）.

色谱法

高效液相色谱法（HPLC）[1]

研究表明：白燕、血燕和毛燕等正品燕窝中的唾液酸含量没有显著性差异，而掺假材料猪皮、明胶、银耳、粉丝等没有唾液酸的色谱峰。

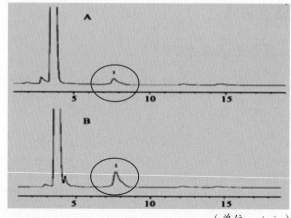

（单位：t/min）

A. 对照品　B. 供试品 1. 唾液酸（N- 乙酰神经氨酸）

燕窝样品的高效液相色谱图

气相色谱法（GC）[2]

气相色谱法是燕窝及其伪制品的气相色谱鉴别和定量检测。可一次性完成燕窝及其伪制品的定性鉴定和定量分析。燕窝中的甘露糖、半乳糖、N- 乙酰氨基半乳糖、N- 乙酰氨基葡萄糖、N- 乙酰神经氨酸等 5 种糖分别具有特定峰比例，形成一组易于识别的燕窝"指纹图"，可用于区分正品燕窝和常见的掺假燕窝。如下图。

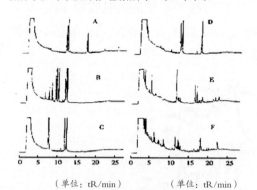

（单位：tR/min）　　（单位：tR/min）

样品：A. 燕窝 B. 琼脂 C. 银耳

D. 蛋清 E. 猪皮 F. 明胶

燕窝及常见假冒燕窝物的气相图谱

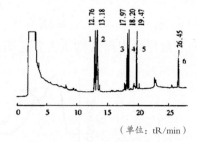

（单位：tR/min）

样品：1. 甘露糖 2. 半乳糖

3.N- 乙酰氨基半乳糖

4.N- 乙酰氨基葡萄糖

5. 正十九烷酸（内标物）

6.N- 乙酰神经氨酸

燕窝中 5 种糖的气相图谱

[1] 王羚郦，李远彬，等. 25 种燕窝样品中唾液酸含量的测定与分析 [J]. 中国实验方剂学杂志，2013(19).
[2] 喻雨琴，薛亮，等 . 燕窝及其制品的气相色谱鉴别和定量检测 [J]. 分析测试学报，1998(06).

电泳鉴别法[1]

电泳鉴别法是以燕窝所含水溶性蛋白质为分析基础，根据谱带的不同来进行鉴别。如下图为不同地区燕窝样品及其伪品的电泳图谱，可从中看出不同地区的燕窝有大致相同的 PAGE 图谱，有 7 条相同的谱带，而银耳、猪皮、琼脂等伪品无相关谱带。

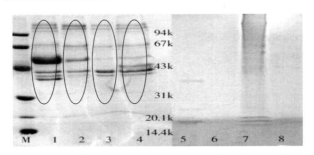

样品：1.泰国燕窝 2.印尼燕窝 3.马来西亚燕窝 4.越南燕窝 5.银耳 6.琼脂 7.猪皮 8.明胶

燕窝及伪品电泳图谱

生物鉴别法

实时荧光定量法（PCR）[2]

实时荧光定量法（PCR）可用于燕窝制品中燕窝成分的快速检测。如下图，纤维蛋白原基因引物的 Cfib 体系溶解曲线特异性，箭头指示燕窝 DNA，其余信号峰来自猪皮、银耳等 19 种样品。如果样品的 Cfib 体系中出现燕窝特异峰，则可以判定样品含有燕窝成分，否则不含燕窝成分；如果样品 Cfib 至少有一个出现二聚体和燕窝特异峰以外的信号峰，则可以判定样品含有非燕窝成分即掺假成分，根据信号峰的位置可以判定出掺假成分。

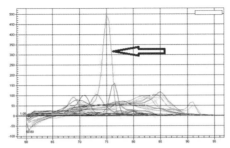

箭头指示燕窝 DNA，其余信号峰来自葱、大豆、胡萝卜、黄瓜、鸡、鹿、米、木瓜、牛、芹菜、土豆、兔、西瓜、鳕鱼、鸭、羊、玉米、猪、银耳等 19 种样品。

纤维蛋白原基因引物的 Cfib 体系溶解曲线特异性

① 查圣华，姜水红，等. 燕窝及其伪品鉴定方法研究 [J]. 食品科技，2010（04）.
② 何国林，陈念，等. TaqMan 实时荧光定量 PCR 鉴定燕窝方法的建立 [J]. 生物技术通讯，2015（01）.

DNA 序列分析法①

DNA 序列分析法是一种基因鉴定燕窝的方法，该方法是基于线粒体 DNA 细胞色素 b 基因序列，将样品序列与基因库的金丝燕序列放一起来构建燕窝样品基因鉴定的进化树，根据不同燕窝样品的序列差异来进行鉴别。

在基于 ND2 序列的 NJ 系统发育树的图中，结果显示：1～31 号样品均与爪哇金丝燕 A.fuciphagus 聚为一支，支持率为 62%；其中 11、17、21、22、23、25、26、28 号样品单独分支，初步确定 1～31 号燕窝样品的生物基原为爪哇金丝燕，其余 8 个样品单独分支，提示这些样品在 ND2 序列上存在差异性。

① 王凤云，蒋颖诗，等. 基于 ND2 基因序列的燕窝 DNA 条形码鉴别 [J]. 中国实验方剂学杂志，2015(13).

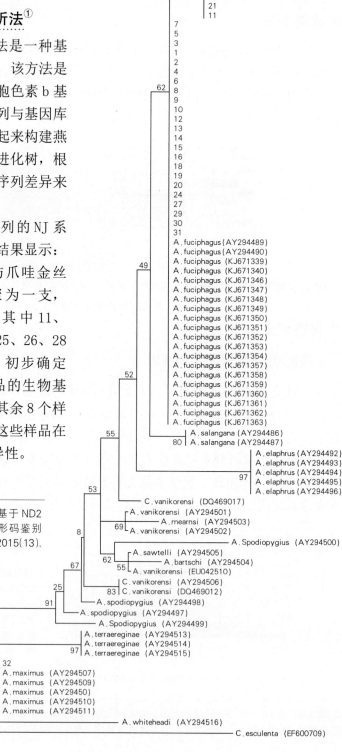

基于 ND2 序列的 NJ 系统发育树

第六章

燕窝的化学组成
和药理学研究

燕窝的化学组成

现代药理研究显示，燕窝的主要药理作用与抗病毒、促细胞分裂和增强免疫力有关。其中，燕窝的抗病毒功效与燕窝临床用于治疗呼吸道和消化道疾病相关，因为燕窝富含独特的唾液酸蛋白。全面研究燕窝药理学作用对于阐明其功效的科学机制、产品研发和代用品研究均具有重要意义。

天然燕窝中含水分、含氮物质、脂肪微量、无氮提取物、纤维以及灰分。去净毛的燕窝，其灰分可完全溶解于盐酸，内含钙、磷、钾、硫等物质。燕窝水解，得还原糖（以葡萄糖计）17.36％以上。蛋白质含量高达50％左右，蛋白质中主要为谷氨酸、亮氨酸、酪氨酸、苯丙氨酸、脯氨酸等。燕窝又含氨基己糖及类似黏蛋白的物质。

燕窝所含主要成分按含量高低依次为蛋白质、碳水化合物、灰分和脂肪，其中糖蛋白为主要成分，兼具有蛋白质和碳水化合物的双重特性。

蛋白质

从燕窝中获得纯的蛋白质成分非常困难。20世纪60年代，研究人员首次从燕窝中提取出了金丝燕类黏蛋白（Mucoid），其提取过程中所采用的在不同温度下的水提物的样品预处理方法在后来糖蛋白的分离中被广泛采用。

金丝燕类黏蛋白中半数为碳水化合物（其中1/3为N-乙酰神经氨酸），可缓慢溶解于水或缓冲液中，在pH≥8时开始析出不溶物和游离的唾液酸。由于含有碳水化合物基团和羽毛，燕窝中腐殖酸氮和半胱氨酸氮的比例高于纯的蛋白质，燕窝的含氮量约为10％。燕窝中含有的主要氨基酸为苏氨酸、天门冬氨酸、丝氨酸、谷氨酸、缬氨酸、酪氨酸、亮氨酸、苯丙氨酸、赖氨酸、精氨酸和脯氨酸，其中白燕窝含的苯丙氨酸和酪氨酸较多。燕窝提取物在电泳时常出现"拖尾"现象（可能与多蛋白复合物有关），经冷水浸泡或清洗去除唾液酸成分后，其电泳行为会发生变化。

聚丙烯酰胺凝胶电泳（SDS-PAGE）和双向凝胶电泳（2-DE）这两种电泳技术为研究人员了解燕窝蛋白质组成提供了重要手段。研究人员发现白燕窝和血燕窝中都含有相对分子质量为 $20 \times 10^3 \sim 90 \times 10^3$ 的5种糖蛋白，2-DE则说明燕窝中蛋白质相对分子质量为 $28 \times 10^3 \sim 57 \times 10^3$（pI为 $4.7 \sim 5.9$）。

氨基酸是组成蛋白质的基本单位，而人体必需氨基酸必须从食物中获得，人体自身不能合成。赖氨酸、色氨酸、苯丙氨酸、蛋氨酸、苏氨酸、异亮氨酸、亮氨酸、缬氨酸是人体所需的 8 种必需氨基酸。赖氨酸是肝及胆的组成成分，能促进大脑发育和脂肪代谢，调节松果腺、乳腺、黄体及卵巢，防止细胞退化；色氨酸能促进胃液及胰液的产生；苯丙氨酸参与消除肾及膀胱功能的损耗；蛋氨酸（甲硫氨酸）参与组成血红蛋白、组织与血清，有促进脾脏、胰脏及淋巴的功能；苏氨酸有转变某些氨基酸达到平衡的功能；异亮氨酸参与脑下腺（脑下腺作用于甲状腺及性腺）、胸腺和脾脏的调节以及代谢；亮氨酸能平衡异亮氨酸；缬氨酸作用于黄体、乳腺及卵巢。

人体的非必需氨基酸为甘氨酸、丙氨酸、丝氨酸、天冬氨酸、谷氨酸（及其胺）、脯氨酸、精氨酸、组氨酸、酪氨酸、胱氨酸。这些氨基酸由碳水化合物的代谢物或由必需氨基酸合成碳链，进一步由氨基转移反应引入氨基生成氨基酸。已知即使摄取非必需氨基酸，也是对生长有利的。

半必需氨基酸有 2 种，精氨酸和组氨酸。组氨酸对婴幼儿而言是必须从食物中获得的，形成的组氨有很强的舒张血管作用，并可抑制多种变态反应及炎症。在营养学的范畴里，组氨酸被认为是人类尤其是儿童所必需的一种氨基酸。在发育多年之后，人体可以自己合成它，在这时便成为非必需氨基酸了。在慢性尿毒症患者的膳食中添加少量的组氨酸，氨基酸结合进入血红蛋白的速度增加，肾原性贫血减轻，所以组氨酸也是尿毒症患者的必需氨基酸。氨基酸（燕窝中含有的氨基酸部分）每天需要量值可参见表 6-1。

表 6-1 联合国粮农组织（FAO）/ 世界卫生组织（WHO）关于人体氨基酸需求标准

人体氨基酸每天需要量值（mg/kg 重量 / 日）

氨基酸种类	婴儿	2 岁幼儿	10 ~ 12 岁儿童	成人
苏氨酸	87	37	35	7
苯丙氨酸 + 酪氨酸	125	69	27	14
蛋氨酸 + 胱氨酸	58	27	27	13
赖氨酸	103	64	60	12
亮氨酸	161	73	45	14

实验结果表明（见表6-2），燕窝中总氨基酸含量、必需氨基酸含量较高，总氨基酸含量在45.49％～56.80％之间，必需氨基酸与总氨基酸的含量比值在35.6％～52.3％之间，以印尼白燕盏最高，马来洞燕黄盏最低。每100克马来洞燕黄盏中的必需氨基酸为17.79克，在8种燕窝中最低，该燕窝必需氨基酸与总氨基酸（EAA/TAA）、必需氨基酸与非必需氨基酸（EAA/NEAA）的含量比值均低于其余7种燕窝。除马来洞燕黄盏外，其余7种燕窝的EAA/NEAA比值在0.8及以上，其中印尼白燕盏的最高，为1.1。8种燕窝所含氨基酸种类相同，不同燕窝所含同种氨基酸含量存在较大差

表6-2 不同燕窝的氨基酸含量

（g/100g）

氨基酸	1	2	3	4	5	6	7	8
天冬氨酸（Asp）	4.62	8.57	6.54	7.783	7.55	5.04	3.61	8.62
苏氨酸（Thr）	6.07	4.93	3.99	5.07	2.99	3.71	3.08	3.77
丝氨酸（Ser）	4.39	4.14	4.06	4.23	3.71	3.60	2.99	3.98
谷氨酸（Glu）	4.30	3.48	4.09	3.68	3.78	3.40	3.18	4.30
甘氨酸（Gly）	2.29	1.82	1.90	1.89	1.86	1.32	5.24	1.83
丙氨酸（Ala）	1.32	1.30	0.59	1.29	0.54	2.72	3.65	1.340
半胱氨酸（Cys）	0.59	0.57	1.08	0.79	0.78	0.86	2.01	1.92
缬氨酸（Val）	2.10	1.05	4.51	1.92	1.61	0.58	2.31	0.90
蛋氨酸（Met）	0.98	0.29	1.53	0.88	1.65	1.66	0.55	0.87
异亮氨酸（Ile）	1.46	0.78	5.59	1.32	0.99	5.89	11.19	5.59
亮氨酸（Ile）	4.42	3.43	1.55	3.16	4.06	2.103	1.44	1.54
酪氨酸（Tyr）	3.42	3.79	6.93	3.07	3.39	7.93	6.48	6.89
苯丙氨酸（Phe）	7.04	8.13	2.40	7.16	6.93	2.21	2.49	2.50
组氨酸（His）	1.93	1.88	1.61	1.63	1.21	6.95	3.33	1.22
赖氨酸（Lys）	1.81	1.75	1.02	1.41	1.22	2.910	2.19	1.41
精氨酸（Arg）	2.88	2.79	2.62	2.78	3.22	2.85	3.03	3.25
必需氨基酸（EAA）	26.11	22.24	22.19	22.56	20.66	27.02	26.59	17.79
总氨基酸（TAA）	49.92	48.71	50.00	48.08	45.49	54.72	56.80	49.98
必需氨基酸与总氨基酸（EAA/TAA）	52.30%	45.66%	44.38%	46.92%	45.42%	49.35%	46.82%	35.60%
必需氨基酸与非必需氨基酸（EAA/NEAA）	1.10	0.84	0.80	0.88	0.83	0.97	0.88	0.55

注：1.印尼白燕盏 2.印尼白毛燕窝 3.印尼红燕窝 4.印尼金丝黄燕盏
5.马来白燕盏 6.马来龙牙盏 7.马来红燕盏 8.马来洞燕黄盏

别，天冬氨酸（Asp）、苏氨酸（Thr）、丝氨酸（Ser）、谷氨酸（Glu）、酪氨酸（Tyr）、苯丙氨酸（Phe）在各种燕窝中的含量均较高。

最近的研究表明（见表6-3），燕窝的含水量均在10%以上，一般为12%～16%，无明显的种类和地区差异。燕窝的蛋白质含量均在50%以上，其中，印尼产地燕窝的含量均高于60%，马来产地燕窝的含量的平均水平略低于印尼。结果表明，燕窝的蛋白质含量无显著地区和种类差异。

表6-3　不同燕窝水分含量、蛋白质含量

样品编号	样品名称	水分含量（%）	蛋白质含量（%）
1	印尼白燕盏	12.3±0.10	63.8±0.58
2	印尼白毛燕窝	14.4±0.57	62.7±0.35
3	印尼红燕窝	14.3±0.36	62.8±0.91
4	印尼金丝黄燕盏	13.2±0.39	61.4±0.64
5	马来白燕盏	15.3±0.41	58.4±0.59
6	马来龙牙盏	13.3±0.47	60.3±0.35
7	马来红燕盏	13.4±0.45	58.7±0.64
8	马来洞燕黄盏	15.5±0.64	56.6±0.60

碳水化合物

燕窝中的碳水化合物包括唾液酸和甘露糖（Man）、氨基葡萄糖（GlcN）、氨基半乳糖（GalN）、半乳糖（Gal）、岩藻糖（Fuc）等单糖。糖蛋白或黏蛋白中的非还原性糖基N-乙酰神经酸可通过天然提取或人工合成，常见的分离方法有热水提、酸水解、酶－酸组合水解等。燕窝含有丰富的黏性糖蛋白成分，经胰酶F处理的燕窝提取物可抵御大鼠骨质疏松症并增加真皮厚度，其中起作用的软骨素糖胺聚糖是人体骨骼和皮肤最重要的成分之一。从燕窝中还分离出了一种相对分子质量为49×10^3的非硫酸化软骨素蛋白聚糖。值得一提的是，燕窝可能会成为研究软骨素功能的重要的生物材料。

近期有科学家对不同产地燕窝的单糖组成及比例进行了分析（见表6-4）。其中把岩藻糖（Fuc）的摩尔分数看作1。不同种类燕窝中的5种单糖比例，由高到低分别为半乳糖（Gal）、氨基葡萄糖（GlcN）、氨基半乳糖（GalN）、甘露糖（Man）、岩藻糖（Fuc）。不同燕窝中的甘露糖（Man）比例接近，都在4左右，氨基葡萄糖（GlcN）、氨基半乳糖（GalN）、半乳糖（Gal）三

种单糖比例差异较大，以马来白燕盏、马来洞燕黄盏中氨基葡萄糖（GlcN）、氨基半乳糖（GalN）、半乳糖（Gal）比例最高，与其他燕窝差异显著。各燕窝中氨基葡萄糖（GlcN）、半乳糖（Gal）两种单糖的含量有一定的相关性，一种比例较高时，另一种单糖的比例也较高，但不具有确定的比例关系。

综上所述，不同燕窝所含的单糖种类相同，且5种单糖的含量比例较为一致。单糖组成比例有明显差异，但未呈现产地、种类差异。

表6-4　不同燕窝的单糖组成

样品编号	样品名称	Man	GlcN	GalN	Gal	Fuc
1	印尼白燕盏	3.8	19.1	10.8	24.3	1.0
2	印尼白毛燕窝	3.8	16.7	9.7	23.1	1.0
3	印尼红燕窝	4.1	17.7	10.0	24.7	1.0
4	印尼金丝黄燕盏	3.9	22.1	12.5	25.6	1.0
5	马来白燕盏	3.5	25.1	12.1	51.1	1.0
6	马来龙牙盏	3.9	15.4	8.7	22.4	1.0
7	马来红燕盏	3.7	19.4	10.3	27.3	1.0
8	马来洞燕黄盏	4.4	34.7	20.5	63.7	1.0

研究还表明（见表6-5），燕窝中含有较丰富的唾液酸，含量在7.04%～11.62%之间。印尼产的燕窝的唾液酸含量平均水平略高于马来

表6-5　不同燕窝的唾液酸含量

样品编号	样品名称	唾液酸含量（%）	
		DAD 检测器	FLD 检测器
1	印尼白燕盏	11.62±0.20	11.37±0.19
2	印尼白毛燕窝	10.27±0.32	10.65±0.23
3	印尼红燕窝	10.40±0.31	10.63±0.27
4	印尼金丝黄燕盏	9.99±0.01	10.39±0.32
5	马来白燕盏	7.04±0.26	7.57±0.26
6	马来龙牙盏	10.47±0.37	10.47±0.01
7	马来红燕盏	7.96±0.29	7.92±0.35
8	马来洞燕黄盏	8.56±0.06	8.66±0.08

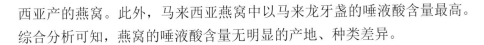

西亚产的燕窝。此外，马来西亚燕窝中以马来龙牙盏的唾液酸含量最高。综合分析可知，燕窝的唾液酸含量无明显的产地、种类差异。

脂质和元素分析

燕窝含脂质数量极少，但单甘油和双甘油的含量却非常高，二者的功能和来源尚不确定，可能是在潮湿的洞穴环境中三酰甘油发生水解，或燕窝中酶反应的结果。元素分析发现（见表6-6），白燕窝中含钙（Ca）较多，血燕窝中则含有更多的钠（Na）、镁（Mg）、钾（K）。潜在的铅（Pb）、镉（Cd）和汞（Hg）等重金属元素的存在是不容忽视的，对燕窝加工环节进行监督非常必要。燕窝是金丝燕在繁育季节建造的，其中维生素E（生育酚）含量的检测具有重要的生物学意义，但实际的检测结果却为阴性。燕窝的保质期很长，正品燕窝即使在潮湿环境中放置数天都不会发霉，这可能与燕窝中含有抗菌成分有关。

表6-6 不同燕窝的元素组成

编号	Na	Mg	K	Ca	V	Cr	Mn	Fe	Co	Ni	Cu	Zn	Mo	Cd	Hg	Pb
1	11.35	1.16	0.21	6.59	1.80	9.90	0.81	11.62	0.001	0.12	4.62	2.24	0.008	0.004	0.11	0.16
2	2.76	0.46	0.53	13.22	1.68	7.50	3.37	12.02	0.032	0.45	4.01	5.48	0.005	0.008	0.06	0.24
3	0.64	1.02	0.16	13.22	0.29	1.29	9.57	39.48	0.036	1.03	6.65	8.53	0.024	0.024	0.17	0.17
4	13.44	1.40	0.14	6.89	2.06	12.31	1.54	24.67	0.011	0.21	5.38	5.91	0.008	0.007	0.16	0.54
5	2.92	0.49	0.54	13.50	0.44	ND	3.61	10.83	0.027	0.48	4.12	4.57	0.004	0.009	0.08	0.22
6	11.42	1.18	0.21	6.62	1.56	4.78	0.71	10.71	0.001	0.13	4.64	1.88	0.007	0.013	0.09	0.15
7	0.68	1.05	0.15	16.60	0.24	ND	10.22	34.58	0.052	1.79	7.13	14.47	0.031	0.029	0.11	0.25
8	0.59	0.41	0.11	16.18	3.98	26.30	5.70	15.42	0.027	0.88	5.46	9.29	0.017	0.021	0.10	0.43

注：1. 印尼白燕盏 2. 印尼白毛燕窝 3. 印尼红燕窝 4. 印尼金丝黄燕盏
　　5. 马来白燕盏 6. 马来龙牙盏 7. 马来红燕盏 8. 马来洞燕黄盏

燕窝中含有人体所需要的各种矿物元素，这些矿物质的生理功能有：

1. 构成机体组织、细胞内外液的重要组成部分；

2. 其缓冲作用可维护机体的酸碱平衡；

3. 组织液中的无机离子保持一定比例是维持神经和肌肉兴奋性、细胞膜通透性及细胞正常功能的必要条件；

4. 是构成某些特殊功能物质的重要组成部分。

燕窝含有的无机元素种类相同，各元素含量有一定差异。16种检测元

素中，含量较高的为5种常量元素钠（Na）、镁（Mg）、钾（K）、钙（Ca）、铁（Fe），其次为5种必需微量元素铜（Cu）、锌（Zn）、铬（Cr）、锰（Mn）、钴（Co）。其中，马来白燕盏、马来红燕盏中未检出铬。综合分析燕窝中含有的16种矿物元素可得，钠、镁、钾、钙、铁元素的含量较高，每克燕窝中均含有 $0.1 \sim 100$ 毫克，其他元素，如钒、铬、锰、镍、锌等，每克燕窝中含量均小于0.1毫克。

不同产地的同种燕窝的矿物元素含量差异明显，印尼、马来西亚两个产地与其他产地的红（血）燕相比，钠、钾、钒、铬元素含量均低于其他产地的燕窝，含有较多的钙、镁、铁、镍、铜、锌、钼、镉元素。黄燕窝中的钒、铬元素含量最高，铁、铜、锌、钼、镉含量低于红（血）燕，除钼、镉外均明显高于白燕。同一产地的不同燕窝，未见显著的元素组成差异。

致敏成分

燕窝可引起IgE介导的过敏反应，严重的可引起儿童过敏性休克，表现为血管性水肿、腹部绞痛、荨麻疹、呼吸困难等Ⅰ型过敏反应的典型症状。导致该过敏反应的蛋白，一种是相对分子质量为 77×10^3 的卵传铁蛋白类似物，另一种是相对分子质量为 66×10^3 的丝氨酸蛋白酶类似物，而这两种成分均存在于鸡蛋中，也能引起过敏反应。不同来源的燕窝可能含有不同的过敏源，这些潜在的副作用成分可采用糖蛋白分离的方法去除。

激素成分

研究人员从燕窝中发现了6种激素成分，分别为睾丸激素(T)、雌二醇(E2)、黄体酮(P)、促黄体激素（LH）、促卵泡激素（FSH）和泌乳刺激素（PRL）。

关于鸡蛋、牛奶和燕窝的激素含量，根据文献报道，总结如表6-7。可计算得出：一个鸡蛋的黄体酮（P）含量与54.35克燕窝相当；一个鸡蛋的 17β - 雌二醇（E2）含量与2.5克燕窝相当。如果按正常人每天吃一个鸡蛋或每天吃5克燕窝计算，从燕窝中摄入的黄体酮含量比鸡蛋要低很多，17β - 雌二醇含量则和鸡蛋差不多。因此，燕窝内含有的微量激素并不会导致性早熟。

表 6-7 鸡蛋、牛奶和燕窝的激素、含量

项目	黄体酮 (P)	17β－雌二醇 (E2)
燕窝	24.97～37.72(纳克／克)	802.33～906.09 (皮克／克)
鸡蛋	12.5～43.6(微克／千克)	小于0.03～0.22(微克／千克)
牛奶	1.4～12.5 (微克／升)	小于0.01～0.06 (微克／升)
每天吃 5g 燕窝摄入的激素含量	0.12～0.189 (微克)	0.004～0.0045 (微克)
每天吃一个鸡蛋摄入的激素含量 (每个鸡蛋按60g计算)	0.75～2.62 (微克)	0.0018～0.0029 (微克)

药理学作用

抗病毒、抑制血凝反应

研究人员从燕窝水提液中得到的一种黏病毒血凝反应抵制剂,对各种流行性感冒病毒的神经氨酸酶敏感,其抵制的毒谱很宽,包括流感病毒的A2 毒株等。有研究指出,金丝燕类黏蛋白不仅是流感病毒血凝反应的有效抑制剂,也是一种中和传染性的有效物质;食用燕窝提取物能以独立的方式抑制流感病毒感染。这种抗病毒活性可能与 O 型或者 N 型糖复合物有关。

研究人员也发现,燕窝提取物与胰酶 F 水解时能以独立的方式强烈抑制流感病毒感染。聚丙烯酰胺凝胶电泳检测结果表明,提取液能与甲型流感病毒(H3N2)结合;燕窝提取物能化解带有流感病毒的狗肾细胞(MDCK)的感染和抑制红细胞流感病毒的血凝,但不能抑制流感病毒唾液酸酶的活性。有研究采用体外试验检测 3 种燕窝提取物对 H5N1 禽流感假病毒活性的影响,对 H5、H7、H9 型阳性抗原凝血作用的影响,以及对 N1 型神经氨酸酶活性的影响,结果显示:燕窝提取物抗病毒的作用可能通过抑制包膜蛋白上血凝素的活性而实现,即血凝素可能是燕窝提取物抗病毒的作用靶点。

辅助促细胞分裂及表皮生长因子样活性

研究人员观察发现,燕窝水提物对人外周单核细胞在凝集素刺激下的有丝分裂有促进作用,尤其在凝集素未达最适宜浓度时最为显著,其活性物质经胰蛋白酶分解后作用不变。燕窝还含有一种表皮生长因子(EGF)

样成分，能够刺激静置培养的 3T3 成纤维细胞对胸腺嘧啶的摄入，普遍具有刺激细胞分裂、生长和促进组织再生等作用。此外，燕窝提取物对人类脂肪干细胞也有增殖作用。

提高免疫功能

某些植物凝集素，如伴刀豆球蛋白 A(ConcanavalinA，简称 ConA) 和植物血球凝集素 (Phytohemagglutinin，简称 PHA)，可促进 T 淋巴细胞、B 淋巴细胞、单核细胞等免疫细胞增殖。以 ConA 或 PHA 刺激 T 淋巴细胞，观察 T 淋巴细胞增殖的程度是一种常用的细胞免疫功能体外检测方法。实验证明，燕窝提取物对 ConA 或 PHA 诱导的人血淋巴细胞和人外周血单核细胞增殖具有促进作用，提示燕窝可增强机体细胞免疫功能。

除了对体外培养的淋巴细胞具有促进增殖作用，燕窝也可能具有提高动物的免疫功能的作用。动物实验显示，以珍珠燕窝为主要成分的珍珠燕窝提取液制剂，能提高小鼠 T 淋巴细胞转化及血清中的 IgM 含量，具有增强细胞免疫和体液免疫的作用。

改善骨骼强度和真皮厚度

研究人员发现，口服燕窝提取物可提高去卵巢大鼠的骨强度和股骨的钙离子浓度，且真皮厚度也因燕窝提取物的补充而增长，但不会影响血清雌二醇的浓度，此结果说明燕窝提取物对绝经女性的骨质流失和皮肤老化具有改善作用（推荐剂量为每天 100 毫克／千克），其中发挥作用的主要成分为软骨素黏多糖。

抗氧化、抗衰老

动物实验显示，以珍珠燕窝为主要成分的珍珠燕窝提取液制剂，能降低小鼠脑脂质过氧化作用以及提高小鼠的红细胞内超氧化物歧化酶水平，具有延缓脑组织衰老和消除氧自由基的作用。因此燕窝也可能具有抗氧化、抗衰老的作用。

强心作用

研究人员试验了燕窝水提物对循环动态的影响。结果显示，燕窝水提物对心率没有影响，但可显著增强心收缩力。燕窝水提物从 1 毫克／千克开始显示剂量依赖性降压作用，并特异性作用于舒张期血压。十二指肠内注入燕窝水提物也有同样的作用。

虽然研究人员的限量给食实验表明燕窝无法提供完整的食物蛋白，因此蛋白质的营养价值有限，但其含有的蛋白或多肽成分的生物学功能是毋庸置疑的。探讨燕窝药效的物质基础，应重点研究其活性蛋白的药理作用，在保健品开发领域极具价值。由于燕窝是口服吸收起作用的，所以把其置于人工胃液和人工肠液中进行处理，再对其进行产物分离研究和药理作用研究是有意义的。有研究发现，燕窝水提物胰蛋白酶消化液仍然具有辅促细胞有丝分裂作用，也说明酶消化不会使燕窝药理作用消失。

近五年的燕窝研究成果

1. 食用燕窝的生物活性物质很有可能是从它们的基质在肠道中消化时释放出来的，然后在肠道通过被动介导的转运吸收以发挥它们的作用。

2. 实验结果表明，低浓度的燕窝提取物可以协同诱导角膜细胞增殖，尤其对含有血清的培养基培养的细胞增殖明显。这可能是一个新的突破，因为在角膜损伤愈合中，角膜细胞增殖和角膜功能修复都很重要。体外细胞实验可以认为是把含燕窝提取物滴眼液制剂用于体内实验的关键性的第一步。

3. 燕窝能预防由于高脂肪饮食引起的代谢指数的恶化和胰岛素信号基因的转录变化。实验结果表明，燕窝可以作为功能性食品，预防胰岛素抵抗。

4. 燕窝提取物可能对 6- 羟多巴胺（6-OHDA）引起的多巴胺能神经元的退化起到保护作用，特别是可以抑制细胞凋亡。因而，燕窝提取物可能是一种有效的营养药物，可用以防止与氧化应激有关的神经变性疾病，例如帕金森病（Parkinson's disease，简称 PD）。

5. 可食用燕窝（Edible bird's nest，简称 EBN）能显著降低晚期糖基化终末产物（AGEs）的雌激素缺乏相关的血清升高，及改变的氧化还原状态，通过氧化损伤（丙二醛含量）和酶促抗氧化防御（超氧化物歧化酶和过氧化氢酶）标记证实。此外，海马体和额叶皮层的神经退行性疾病和细胞凋亡相关的基因通过补充 EBN 被下调。这两个研究表明， EBN 具有神经保护和对抗雌激素缺乏相关的衰老的潜力，至少一部分是通过氧化还原

系统和终产物的衰减得到改善的。

6. 可食用燕窝（EBN）可促进 B 淋巴细胞的增殖和活化，提高 IgE、IgA、IgM 和 IgG3 抗体水平。燕窝提取物能促进小肠中分泌型免疫球蛋白 A(SIgA) 的分泌。

燕窝主要活性成分分析

燕窝中有多种水溶性蛋白，主要存在于 60℃～80℃的水提取液中。

氨基多糖

化学成分研究表明，燕窝黏蛋白含有氨基多糖组成单位，氨基多糖(Glyeosaminoglyeans, Mueopolysaceharide) 是指由"氨基糖 - 己糖"二糖单位重复聚合而成的直链多糖，在自然界中主要与蛋白质共价结合存在。研究还表明，许多氨基多糖具有提高机体免疫力的作用。如刺参的氨基多糖能使人的白细胞悬浮物中的 E 花环数量增加；二色桌片参的氨基多糖能促进小鼠淋巴细胞增殖，显著增加淋巴细胞产生白介素 2（IL-2）的水平，增强小鼠迟发性超敏反应 (DTH)。燕窝的体外研究显示，其水提物可促进体外 T 淋巴细胞增殖。这与其他含氨基多糖的天然产物的药理活性类似，因此，可从氨基多糖提高机体免疫力方面探究燕窝的药理作用。

大量研究表明，多糖具有抗氧化作用，氨基多糖的抗氧化活性亦有实验证明。多糖的抗氧化作用可能与直接清除自由基有关：多糖中单糖基的活性羟基可提供活泼氢与超氧阴离子自由基 (O_2^-) 和羟自由基（·OH) 结合，起到抗自由基氧化的作用。多糖还可通过提高抗氧化酶如超氧化物歧化物 (SOD) 和谷胱甘肽过氧化物酶 (GSH-PX) 的活性促进机体清除自由基。多糖上的羟基还可与金属离子络合，抑制自由基的产生。

近年，对氨基多糖抗氧化作用的研究成果越来越多。如壳聚糖具抗氧化性能，且低分子量的壳聚糖抗氧化性更好；花刺参酸性多糖提取物能显著提高小鼠红细胞 SOD 活性；鳖鱼的软骨黏多糖和翅针黏多糖可抑制·OH 和 O_2^- 的活性等。因此，可从多糖抗氧化的角度研究燕窝的药理作用。

唾液酸（燕窝酸）

燕窝糖蛋白中的糖链含有丰富的唾液酸，唾液酸也是一种氨基多糖。唾液酸是一族化合物的总称，它是以九碳酮糖－神经氨酸为骨架，通常在糖蛋白或糖脂的末端以糖苷的形式存在，包括15%的己糖胺和7%～12%的唾液酸。唾液酸糖蛋白可以在一定的酸性条件下水解出游离的N-乙酰神经氨酸单体。在大部分哺乳动物组织中发现的唾液酸主要是N-乙酰神经氨酸，所以通常把N-乙酰神经氨酸称为"唾液酸"（Sialic acid，简称SA）。唾液酸广泛存在于植物以外的生物体中，主要食物来源是母乳，其次是牛奶、鸡蛋和奶酪。燕窝中的唾液酸含量较高，达7%～12%，是其他天然产物所无可比拟的，因此唾液酸又被称"燕窝酸"。

近年来的研究发现，唾液酸及其衍生物在各种生命活动中起着重要的调节作用，与许多疾病治疗密切相关。唾液酸在抗病毒与抑制血凝反应、提高智力和记忆力、防止老年痴呆症、抗识别、提高肠道对维生素及矿物质的吸收、提高人体免疫力、抑制白细胞黏附与抗炎等方面具有很大作用。

表6-8 唾液酸的来源

来源	燕窝	酪蛋白	枇杷	牛奶	茄子	禽蛋
含量（g/kg）	70～120	4.80	0.66	0.45～0.66	0.45	0.34

抗病毒、抑制血凝反应

1960年，研究人员发现燕窝60℃～65℃的提取物可抑制甲型流感病毒A2的血凝反应。1962年，研究人员取燕窝62℃的水提物做原型病毒株致血凝反应抑制试验，结果显示燕窝提取物可抑制甲型流感病毒A1、A2和乙型流感病毒引起的血凝反应。燕窝提取物中的唾液酸含量越高，其血凝抑制活性也越高。鸡胚病毒中和实验证明，该燕窝提取物的中和病毒感染力的活性与血凝抑制活性平行。燕窝提取物与神经氨酸苷酶在37℃下温育4小时后，血凝抑制活性消失，并伴随释放出游离唾液酸，提示燕窝中

的结合唾液酸是抗病毒的有效成分，其抗病毒机理可能是通过唾液酸与病毒表面的唾液酸受体结合，从而竞争性地抑制病毒与宿主细胞表面的唾液酸结合，阻止其毒力发挥。

流感病毒外壳上有两种唾液酸受体糖蛋白：一种是红细胞凝集素（Hemagglutinin，简称 HA），也称"血凝素"；另一种是唾液酸酶（Neuraminidase，简称 NA），也称"神经氨酸酶"。目前发现红细胞凝集素有 16 种亚型（H1 ～ H16），唾液酸酶有 9 种亚型（N1 ～ N9），流感病毒根据其外壳上的这两种糖蛋白亚型的不同，相应地分为不同类型的病毒亚型，如 H1N1、H5N1 等。研究表明，燕窝是通过与病毒表面的红细胞凝集素结合，而非与唾液酸酶结合，发挥抗病毒作用的。2006 年，研究人员研究了洞燕和屋燕水提取物（先在 5℃提取 16 小时，然后在 100℃提取 30 分钟）的抗病毒活性。Western blot 电泳证明燕窝提取物可与甲型流感病毒（H3N2）结合。荧光分析法显示两种燕窝的提取物的胰蛋白酶 F 酶解物均不能抑制唾液酸酶的活性，而凝血抑制实验则显示，燕窝提取物对多种甲型流感病毒，如人流感病毒（H1N1、H3N2）、禽流感病毒（H1N1、H3N2、H3N8、H5N3）、猪流感病毒（H1N1、H3N2），均有凝血抑制活性。在狗肾细胞（MDCK）上进行的病毒中和试验结果与凝血抑制试验结果一致，说明燕窝是通过与病毒表面的红细胞凝集素结合发挥血凝抑制和感染抑制作用的。研究还显示，虽然燕窝提取物可与流感病毒结合，但只有经胰蛋白酶 F（一种可水解糖蛋白的酶）酶解后，才具有血凝抑制和感染抑制作用。低分子量多肽（10-25kDa）较高分子量多肽（大于 50kDa）有更强大的抑制病毒活性，这可能与酶解后生成的一些新肽片断具有更强的活性有关，也可能与酶解后暴露出一些原有的活性基团有关。此外，研究还显示洞燕的抗病毒作用远高于屋燕，荧光 HPLC 图谱发现，屋燕中的 O- 乙酰基唾液酸峰值大大高于洞燕，提示洞燕与屋燕抗病毒活性的差异可能与两者唾液酸结构不同有关，唾液酸结构可影响燕窝蛋白与病毒的结合能力。

唾液酸又称为"N- 酰基神经氨酸"。已有较多文献证明，燕窝中的唾液酸是 5-N- 乙酰基神经氨基（Neu5Ac）。唾液酸与流感病毒的结合力，除取决于唾液酸的类型外，还取决于唾液酸与半乳糖（Gal）之间的糖苷键，甲型流感病毒倾向于识别含 Neu5Ac(α 2-3)Gal 糖苷键的受体，乙型流感病毒倾向于识别含 Neu5Ac(α2-6)Gal 的受体。

研究显示，燕窝提取物可抑制以上两种受体结合类型的病毒。使用 MAA 凝集素对燕窝提取物进行凝集素亲和电泳 - 免疫印迹，该凝集素可特异性识别 N- 或 O- 多糖中的末端唾液酸与 Gal 的 2 → 3 连接键，即 Neu5Ac(α2-3)Gal 糖苷键。结果显示，洞燕和屋燕的提取物均可与 MAA 结合，而均不与识别 Neu5Ac(α2-6)Gal 糖苷键的凝集素 SNA 反应。说明燕窝糖蛋白中的 Neu5Ac(α2-3)Gal 基团可能在燕窝抗流感病毒中起主要作用。

燕窝对甲型流感病毒具有中和病毒感染力和抑制病毒血凝活性的作用。作用靶点主要是流感病毒外壳上的红细胞凝集素，具抗病毒作用的活性基团可能是燕窝糖蛋白中的 Neu5Ac(α2-3)Gal 糖苷键。经胰酶消化的燕窝提取物作用强于未经消化的样品。此外，还发现洞燕的作用强于屋燕，这是否是由于两者糖蛋白中的唾液酸结构不同所致有待进一步研究。

目前，以唾液酸为母体化合物进行 NA（N1 型神经氨酸酶）抑制剂的研究成为抗流感药物研究的热点，已有两种治疗效果较好的药物——扎那米韦（Zanamivir，商品名 Relenza）和奥司米韦（Oseltamivir，商品名 Tamiflu）上市，其中扎那米韦是以 N- 乙酰神经氨酸为前提合成的，而奥司米韦则是以莽草酸为原料经过 10 步反应得到的。

美国某医药公司正在研究用唾液酸抗黏附药物来对付幽门螺旋杆菌以治疗胃溃疡和十二指肠溃疡。英国某公司临床实验了聚唾液酸化干扰素，发现其效果比常用的干扰素（PEG 化的干扰素）的半衰期更长。该公司最近与印度血清研究所（Serum Institute of India LTD1）合作生产聚唾液酸，并且开发治疗糖尿病、肺炎球菌感染和丙肝药物的聚唾液酸控释的药物。唾液酸的提取将被运用到更多药物研发当中，燕窝的价值亦从而大大地体现出来。

提高智力和记忆力

唾液酸是大脑神经节苷脂的重要成分，神经细胞膜的唾液酸含量是其他细胞的 20 倍，由于大脑信息传递及神经冲动的传导必须通过突触来实现，而唾液酸是作用于大脑细胞膜和突触的脑部营养素，所以唾液酸能够

促进记忆力和智力的发育。

研究发现，增加哺乳动物乳猪饮食中的唾液酸含量，其脑中的唾液酸含量增加，与学习相关的基因的表达水平增加，从而增强了学习与记忆能力。在婴儿体内，唾液酸的含量只有母乳中含量的25%。由于唾液酸是在肝脏中合成的，在儿童发育早期，大脑发育很快而肝脏发育很慢，由肝脏合成的唾液酸很难满足大脑发育的需要。因此，婴儿期特别需要补充唾液酸。

许多食物中都含有唾液酸，如所有乳类，包括天然母乳，在人体唾液中也含有。在天然食品中，燕窝的唾液酸含量高达7%～12%。在母乳中，特别是泌乳初期，唾液酸的含量远高于普通婴儿配方奶粉中的含量。所以科学家认为母乳喂养是促进婴儿脑部发育和提高记忆力的最好方式。

极具权威的《美国临床营养杂志》在2003年发表了一篇临床研究报告。研究证明，用母乳喂养的婴儿大脑中唾液酸的含量比用配方奶粉喂养的婴儿要高22%～32%。该报告作者认为这种唾液酸含量差别有重大意义，并作出这样的结论：母乳喂养的婴儿大脑神经节苷脂和糖蛋白中唾液酸含量更高，证明唾液酸在突触形成及神经发育方面作用更显著。实验发现孕期食用唾液酸的大鼠产下的小鼠在后期发育过程中的学习、记忆能力明显增强，意味着孕期和哺乳期补充唾液酸可以起到最佳效果。

抗老年痴呆

唾液酸对神经细胞具有保护与稳定作用。位于神经细胞膜表面的蛋白酶与唾液酸结合后，能不被胞外蛋白酶降解。

唾液酸在脑中的含量很高，脑中大量存在的唾液酸与神经细胞的生长和突起延长有关。一些神经性疾病，如早老性痴呆、老年痴呆症以及精神分裂症患者血液或脑中的唾液酸含量下降。由于唾液酸在细胞表面的位置保护了大分子和细胞免受酶和免疫的攻击并促进了内在免疫，使得细胞作为"自我"而防止免疫系统的激活。经药物治疗康复后，唾液酸的含量又显正常，由此表明唾液酸能参与神经活动。单唾液酸神经节苷脂对于治疗脑缺血、帕金森症、老年痴呆症和神经创伤也有一定功效。目前，研究人员正试图合成一些唾液酸衍生物，用于某些神经性疾病的治疗。

抗识别、提高肠道对维生素及矿物质的吸收

在分子和细胞之间、细胞和细胞之间及细胞和外界之间，糖链末端的唾液酸既可以作为识别位点，也可以掩蔽识别位点。通过糖苷键连接在糖缀合物末端的唾液酸能有效地阻止细胞表面上一些重要的抗原位点和识别标记，从而保护这些糖缀合物不被周围的免疫系统识别和降解。新生的细胞中唾液酸的含量要明显高于衰老的细胞。进一步的实验发现，用唾液酸苷酶处理过的细胞注入体内后会在几小时内死亡，而正常的细胞的寿命却为 120 天，这说明唾液酸参与了细胞生命周期的调控。

唾液酸带有极强的负电荷，通常位于细胞膜表面的糖蛋白或糖脂的末端，是细胞膜负电荷的主要来源。唾液酸的负电荷使红细胞和其他细胞相互排斥，避免了血液循环中无意义的细胞相互作用。根据异性相吸的原理，进入肠道的带有正电荷的矿物质（如 Ca^{2+}）及部分维生素（如食物中含有的极其微量的维生素 B12 等）很容易与带有极强的负电荷的唾液酸结合在一起。所以，唾液酸可提高肠道对于矿物质及维生素的吸收能力，补充唾液酸能够增强机体对营养的吸收水平。

提高人体免疫力

唾液酸在消化系统中不会被消化酶降解，可进入肠道阻止致病微生物吸附于肠道细胞，起到抵抗多种致病菌的作用。体液中游离的唾液酸可阻止感冒病毒在细胞表面的吸附，人们以此机理开发了以唾液酸衍生物为主的抗感冒药物。

抑制白细胞黏附和消炎

组织发炎或受到损伤时，白细胞聚集到发炎组织周围，发挥抗菌消炎作用。20 世纪 90 年代，美国的科学家发现白细胞的聚集与细胞黏附过程有关，而细胞黏附过程与白细胞表面的一个含唾液酸的四糖（Sialyl Lewis）和血管内皮细胞的 E- 选择素（E-Selectin）有关。炎症发生时，内皮细胞受细胞活素（Cytokins）刺激产生 E- 选择素，它能识别白细胞表面的四糖，并与之结合，使白细胞黏附于血管内皮，进而通过血管内皮到达炎症组织。因而合成一些结构更简单且比四糖更有效的唾液酸衍生物作为

抗黏附药以治疗炎症将成为研究的热点。

糖蛋白

糖蛋白与很多疾病，如感染、肿瘤、心血管病、肝病、肾病、糖尿病以及某些遗传性疾病等的发生、发展有关。再者，细胞表面的糖蛋白及糖脂"脱落"到周围环境或进入血循环，可以作为异常的标志为临床诊断提供信息；患某些疾病时，体液中的糖蛋白亦常有特异性或强或弱的改变，这可有助于诊断或预后的判断。糖蛋白还日益介入治疗，如针对特定细胞表面特异性糖结构的抗体可作为导向治疗药物的定向载体；利用糖类（单糖、寡糖或糖肽）抗感染及抗肿瘤转移也已崭露头角。

生物界种类繁多的糖蛋白执行着千差万别的生物学功能。如作为酶的糖蛋白催化体内的物质代谢（substance metabolism）；作为免疫分子的糖蛋白参与免疫过程；作为激素的糖蛋白参与体内生理、生物化学活动的调节等等。糖蛋白中糖链的生物学作用是研究的热点，大致可归纳为直接或间接参与生物学功能两种情况。直接参与生物学功能方面的作用与细胞或分子的生物识别有关；间接作用则在于维持整个分子的天然构象，保持一定的活性寿期及决定理化特性等。

参与生物识别

糖蛋白糖链最独特的生物学作用是参与生物识别。细胞识别无论对于个体发生还是成体生命活动的维持都具有决定性意义。如同种受精决定于精子表面和卵子透明带糖蛋白糖结构的相互识别。细胞表面糖蛋白还参与早期胚胎发育过程中内细胞团和滋养层的形成及随后组织、器官形成过程中同类细胞在识别基础上所发生的聚集。胚胎发育需全能细胞进行分化。通过细胞迁移及生物识别，相同的细胞在一定部位聚集成团，最后发展为特定的器官。这些过程依赖于特异性的细胞识别及选择性的细胞黏合。糖蛋白糖链是细胞识别及黏合的分子依据。在结构多样的糖链中存贮着足够的各种识别信息。抑制糖蛋白糖链的生物合成则胚胎发育中止。在胚胎发育的不同阶段及细胞增殖的不同时期相细胞表面糖蛋白不断发生改变。某些细胞表面糖蛋白可以作为不同发育阶段或不同生活状态的标志。如神经

细胞黏合分子 (N-CAM) 是一种存在于细胞表面的质膜糖蛋白，其糖链含有多个唾液酸基。多唾液酸链随发育而缩短，至成年时期消失。糖链中唾液酸的这些变化对不同时期细胞间的相互作用有一定调节作用。N-CAM 可能在胚胎发育中对细胞间相互作用具有普遍性重要意义，对神经细胞间的突触联系和神经—肌肉连接的建立更具有特殊的重要作用。在若干恶性肿瘤 (Malignant Tumor) 细胞表面亦发现具有多唾液酸糖链的 N-CAM。

细胞归巢

细胞归巢在造血、毁血及淋巴细胞再循环中必不可缺。在血中循环的造血干细胞（来自卵黄囊）需到骨髓中进行增殖、分化；淋巴细胞在血流与淋巴器官（脾、淋巴结及扁桃体）间保持再循环。血循中造血干细胞和淋巴细胞的归巢都是通过细胞表面的受体（亦属于凝集素）来识别靶组织中糖链上的糖基而进行。衰老的红细胞"归巢"入脾是由于其表面的带III糖蛋白糖链游离末端的唾液酸基大为减少，导致次末端的半乳糖基暴露。它可与免疫球蛋白 G 结合，从而可被脾内的吞噬细胞识别并内吞。致病微生物感染寄主细胞也必须首先黏附于靶细胞。微生物与靶细胞间的特异性黏合作用不仅可以解释为感染寄主的选择性，而且已有不少证据表明这种特异性黏合是由糖蛋白糖链介导的。

黏合分子

有一些由相互作用的细胞或远处某些细胞产生的黏合分子，为细胞外的游离成分，它们分泌至细胞外并运送至细胞间。这些黏合分子作为桥梁介导细胞间的识别及黏合。如出血时血小板的聚集是由两种细胞外糖蛋白及其在血小板膜上相应的受体糖蛋白介导的识别及黏合。这两种糖蛋白是血浆中的血小板反应蛋白和纤维蛋白原。它们彼此之间也发生特异性识别与结合，并为其糖结构所介导。

黏着细胞外基质

糖链亦参与细胞与细胞外基质的黏着作用。细胞外基质的主要成分是含糖的蛋白质，如胶原、非胶原糖蛋白和蛋白聚糖等。在各种细胞表面则

分别存在着特异性结合一定基质成分的受体糖蛋白。这种结合是有选择性的，如上皮细胞与基膜中的Ⅳ型胶原、层粘连蛋白和硫酸乙酰肝素蛋白聚糖结合；成纤维细胞与Ⅰ或Ⅲ型胶原、纤粘连蛋白结合；软骨细胞与Ⅱ型胶原、软骨粘连蛋白及硫酸软骨素蛋白聚糖结合。细胞外基质成分对细胞的增殖、分化、形态、代谢及迁移有决定作用，这对胚胎发育、细胞分化及创伤修复十分关键。如造血干细胞只有在适于它们增殖及分化的骨髓基质中才能进行造血过程。骨髓的体外长期培养亦必须为其提供相应的造血环境。细胞与细胞外基质之间借助一定糖结构的结合，在恶性肿瘤细胞的转移过程中亦具有决定性作用。

维持机体内环境的稳定

细胞与其外环境中可溶性糖蛋白（如激素、抑素、干扰素、抗体、生长因子、细胞因子、毒素等）的作用不但对细胞的增殖、分化、代谢及功能产生深刻影响，而且对维持整个机体内环境的稳定具有重要意义。已有一些实验证明，某些可溶性糖蛋白与细胞的作用由糖链介导。糖蛋白激素在去除糖链后，丧失生物学活性。迄今发现的 20 种血型体系中的 160 多种血型抗原完全或主要由糖蛋白与糖脂的寡糖决定。A 型、B 型及 O 型血者的抗原决定簇分别是 α-D-N 乙酰氨基半乳糖基、α-D 半乳糖基及 α-L 岩藻糖基。组织相容性抗原亦为糖蛋白，其抗原特异性与糖链结构有关。

与免疫的关系

糖链与免疫的关系日益受到重视。已发现补体系统可在无特异性抗体存在的情况下被一定的糖链结构活化。不但各种免疫球蛋白都是糖蛋白，其糖链结构对抗原—抗体结合的特异性有一定影响；而且很多免疫介质，如淋巴因子、单核因子、辅助因子、抑制因子、活化因子、趋化因子、毒性因子、干扰素、白细胞介素等及其在免疫细胞表面的受体都是糖蛋白。不少证据表明糖链参与其相互识别和结合。干扰素亦与靶细胞表面的糖结构相结合。

桂花燕窝

凝集素

很多凝集素本身亦为糖蛋白。凝集素是广泛存在于动物、植物及微生物中的一类蛋白质，它由非免疫途径产生并特异地与一定的糖结构相结合。各种凝集素识别与结合糖结构的特异性强弱不等。一定的凝集素可对应凝集一定种类的细胞，并可有选择性地刺激细胞的有丝分裂。凝集素的上述作用可被特定的单糖、寡糖或糖肽抑制。细胞表面的糖蛋白或糖脂在体外可被一定的外源性凝集素识别并结合，有人称之为"凝集素的受体"。凝集素通过其多价性及细胞表面受体引起细胞凝集。凝集素可存在于体液中及细胞表面。在各种原核细胞和真核细胞生物中发现的凝集素已多达百余种，其生物学功能复杂而多样，但基本作用都是对细胞或游离分子进行识别。例如，在鼠、兔及人的肝细胞质膜中有识别半乳糖的凝集素（肝凝集素）。血浆中的蛋白质多为以唾液酸为非还原末端的 N 糖苷糖蛋白。去唾液酸后暴露出次末端的半乳糖基，可迅速被肝细胞通过肝凝集素识别而结合，进而引起内吞，从而将去唾液酸血浆糖蛋白摄取，从血中清除并在溶酶体中降解，以致其半寿期缩短至若干分钟。严重肝炎、肝硬变及肝癌的组织中缺乏肝凝集素，从而导致血中去唾液酸糖蛋白的堆积。另外，在肾、肠上皮、甲状腺及骨髓细胞表面亦发现有结合半乳糖的凝集素。在肝库普弗氏细胞及脾、肺巨噬细胞表面存在识别和结合甘露糖与乙酰氨基葡萄糖的凝集素。这些细胞表面的凝集素一旦与相应配体结合便可引起内吞，内吞后配体在溶酶体中被消化，而凝集素本身可再循环至细胞表面。

糖蛋白糖链

糖蛋白糖链对引导在粗面内质网合成的蛋白质到达预定部位有决定性作用。很多分泌蛋白质必须经过糖基化才能分泌到细胞外，若糖基化被阻

断则不能分泌出去。溶酶体的各种水解酶在内质网和戈尔吉氏体合成后集中在初级溶酶体内，这也由其糖链决定。各种溶酶体酶中，除组织蛋白酶 B1 外，都是高甘露糖型糖蛋白，其某些甘露糖基发生 6 位磷酸化。这些磷酸甘露糖（Man-6-P）标志的溶酶体酶与定位在戈尔吉氏体膜腔面一定部位的受体相结合。这些受体实际上是特异性识别 Man-6-P 的凝集素。通过这些集中分布在一定膜区的受体，带有 Man-6-P 标志的溶酶体酶被集中起来，再通过该膜区的发泡，从戈尔吉氏体形成膜内面挂着全套溶酶体酶的初级溶酶体。溶酶体膜含有高度糖基化（每条肽链上带 10 余条糖链）的糖蛋白，其糖链富含唾液酸，并朝向腔面。这些糖蛋白糖链不但可以防止溶酶体膜被溶酶体内的水解酶降解破坏，而且可以在溶酶体腔面形成低 pH 值环境，使溶酶体酶与膜受体的结合减弱，进而使溶酶体酶的糖链发生脱磷酸。由于脱磷酸去除了可被膜受体识别的标志，各种水解酶遂游离于溶酶体囊腔内。当初级溶酶体与内吞泡融合后，溶酶体酶即可水解经内吞进入细胞的大分子及细胞、组织碎屑。此外，在细胞表面也存在特异性识别 Man-6-P 的受体，可将分泌至细胞外的溶酶体酶结合并内化回收。细胞表面识别 Man-6-P 的受体只占细胞总受体量的 10%，其余 90% 存在于溶酶体、戈尔吉氏体及内质网。人类罹患的一种稀有病 I-细胞（Inclusion-cell）病是在细胞内堆积了大量的高分子量糖复合物，可造成早夭。其缺陷主要是缺乏 UDP-N 乙酰氨基葡萄糖基转移酶，因而溶酶体酶缺乏 Man-6-P 标志，以致其各种溶酶体水解酶不存在于溶酶体内而被分泌至细胞外。其溶酶体膜与细胞表面虽存在正常的识别 Man-6-P 的受体，却不能将自身的溶酶体酶按正常路线运送，但可将外源性正常的带标志的溶酶体酶回收并运至溶酶体。

植物凝集素

植物凝集素常有不同程度的细胞毒性。毒性强的凝集素有蓖麻毒素、相思豆毒素等，它们都识别并结合含半乳糖的糖链。这些毒素由 A、B 两个亚单位组成。B 亚单位与细胞表面的糖基结合，A 亚单位进入胞质与核糖核蛋白体结合从而抑制蛋白质的生物合成，其作用原理类似于酶的催化作用，催化核蛋白体因子失活。胞质中只需几个分子细胞毒凝集素即可完全阻断蛋白质的合成，因而仅极少量即可置人于死地。将细胞毒凝集素与抗肿瘤细胞的特异性抗体偶联，可定向杀伤体内的肿瘤细胞。

糖链的作用

有些糖蛋白的糖链本身并无直接的生物学功能，而可对肽链的加工及其构象施以控制。一些多肽或蛋白质以巨大的前体形式在细胞内合成，然后被特异性蛋白酶水解释出成熟的有生物活性的分子，如垂体的一些激素就是以前体的形式生成的。前体上的糖链可控制其在适当的部位被蛋白酶水解，从而有效地产生生物活性成分。如抑制前胶原的糖链合成，则不能生成胶原。糖链也可以控制肽链的折叠和稳定肽链的天然构象，去除糖链会使某一区域的构象发生改变，影响其生物活性。如免疫球蛋白 G(IgG) 去除糖链，与抗原结合的构象则发生改变。

此外，糖链还决定糖蛋白分子的理化性质，使其具有：

①抗蛋白酶水解性。使糖蛋白分子在体内可维持一定的寿期。蛋白酶的糖链可保护其肽链不被自身水解而保持催化活力。体液中的糖蛋白糖链可保护其不至迅速被体液中的各种蛋白酶水解而在一定的时期内保持其生物活性。很多种生物活性分子，如酶属此类。黏液中的糖蛋白糖链在保护其自身不被水解的同时亦保护了黏膜上皮细胞。

②稳定性。不易发生热变性和冻融变性。

③抗冻性。南极鱼的抗冻糖蛋白的密集式糖单位可防止冰晶形成而使鱼体在深低温海域不冻结。此外，黏液和滑液中的糖蛋白由于存在大量唾液酸化或硫酸化糖链而带有很多负电荷，以致分子呈伸展状态并具有强亲水性，成为具有黏弹性的物质，起润滑保护作用。糖蛋白分子的聚合能力也为糖键所影响。

第七章

燕窝的中医药理和饮食文化

🔥 历代本草对燕窝的论述

中医一般认为燕窝"其性味甘、平，归心、肺、肾经"。中医文献于清朝初年渐赋予燕窝"润肺滋阴、化痰止嗽、益气补中"的药性内涵，把其纳入中药，常用于治疗肺虚之哮喘、气促、久咳、痰中带血、咯血、支气管炎、出汗、低潮热等症；补虚养胃、止胃寒性，可治疗胃阴虚引起的反胃、干呕、肠鸣声等症；滋阴调中，凡病后虚弱、痨伤、中气亏损、气虚、脾虚之多汗、小便频繁、夜尿，均可食用燕窝进补调和；妇女在妊娠期间、产后进食，有安胎、补身之效。延至近现代，民间广泛认为燕窝具滋阴养颜、提高免疫力的作用，以贵重药材和美味佳肴而在民间广为流传使用，是宜药宜膳的高级保健品。

翻阅我国古代的文献，包括文人笔记、游记、食经、食疗本草以及本草专书，明朝以前均无有关燕窝的记载。

宋朝唐慎微撰写的收载药物1 746种的《经史证类备急本草》，明朝李时珍编写的收载药物1 892种的《本草纲目》中，均无有关燕窝的内容。这说明在李时珍所在的时代，燕窝可能只供食疗而未作药用。

《明史》的《食货志》中无有关燕窝的内容，仅仅在《外国列传》的"柔佛"项下有所提及。据考，直到1536年，明朝黄衷的《海语》始对燕窝有记载。王世懋的《闽部疏》（1585年）、张燮的《东西洋考》（1617年）中有对燕窝的专门论述。清朝屈大均的《广东新语》（1700年）和谢清高的《海录》（1795年）中均有论述燕窝。

燕窝成为珍贵的食品后，经历百余年，验证了其具有医疗价值。燕窝疗效首见于清朝汪昂的《本草备要》（1694年）和张璐的《本经逢原》（1695年）。汪昂和张璐都是清代的名医，经过长时期临床验证确定了燕窝的疗效。此后，在吴仪洛的《本草从新》（1757年）、黄宫绣的《本草求真》（1769年）及赵学敏的《本草纲目拾遗》（1765年）等医书中，均对燕窝有记载。而以《本草纲目拾遗》中单列的"卷九·禽部·燕窝"的记载最为详尽。

汪昂的《本草备要》云："燕窝甘淡平，大养肺阴、化痰止嗽。补而能清，为调理虚劳之圣药。一切病之由于肺虚而不能肃清下行者，用此皆可治之。"

张璐的《本经逢原》录："燕窝，甘平无毒。……能使金水相生，肾气上滋于肺，而胃气亦得以安，食品中之最驯良者。惜乎本草不收，方书罕用。今人以之调补虚劳，咳吐红痰，每兼冰糖煮食，往往获效。然惟病势初浅者为宜，若阴火方盛，血逆上奔，虽用无济，以其幽柔无刚毅之力耳。"

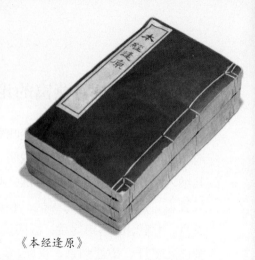

《本经逢原》

吴仪洛的《本草从新》曰："今人用以煮粥，或用鸡汁煮之，虽甚可口，然乱其清补之本性，岂能已痰耶；有与冰糖同煎，则甘壅矣，岂能助肺金清肃下行耶。"

周亮工所著的《闽小记》叙述："有乌白红三色，乌色品最下，红色最难得，白色能愈痰疾，红色有益小儿痘疹。"

张石顽的《张氏医通》云："暴得咳嗽吐血乍止，以冰糖与燕窝菜同煮连服，取其平补肺胃，而无止截之患也；惟胃中有痰湿者，令人欲呕，以其甜腻恋膈故也。"

吴震方的《岭南杂记》示："红燕，能治血痢；白者入梨加冰糖蒸食，能治膈痰。"

何英的《文堂集验方》述："翻胃久吐，有服人乳、多吃燕窝而愈者。"

赵学敏的《本草纲目拾遗》论述："燕窝大养肺阴，化痰止嗽，补而能清，为调理虚损劳瘵之圣药。一切病之由于肺虚不能清肃下行者，用此者可治之。"书中还引用了《北砚食规》中制素燕窝法："先入温水一荡伸腰，即浸入滚过冷水内，俟作料配菜齐集，另锅制好，笊篱捞出燕窝，将滚汤在笊篱上淋两三遍，可用，软而不糊，半用。解食烟毒。"

汪绂的《医林纂要·药性》记录："燕窝，甘能和脾，养肺，缓肝；咸能补心，活血，泻肾，除热；其胶黏之性，尤能滋涸竭而化痰涎。又经海燕衔吐，有精液聚焉，神志注焉，故能大补虚劳。"

黄宫绣在《本草求真》中记载："燕窝，入肺脾肾，入肺生气，入肾滋水，入胃补中，俾其补不致燥，润不致滞，而为药中至平至美之味者也，是以虚劳药石难进，用此往往获效，义由于此。然使火势急迫，则又当用至阴重剂，以为拯救，不可持其轻淡，以为扶衰救命之本，而致委自失耳。"

叶桂的《本草再新》则谓："燕窝，大补元气，润肺滋阴。治虚劳咳嗽，咯血，吐血，引火归原，润肠开胃。"

蒋溶在《萃金裘本草述录》中论述："惟于劳郁未至盛极之前，阴阳未至乖离之候，常服如燕窝等平淡清补、益阴养肺之品或能裕阴而摄阳，不致壮火食气，较之贞元理阴左归之属徒损脾胃者，岂可同年语哉。"

燕窝的中医功效

润肺

润肺是燕窝的经典食效，为历代医方、医书所认同。肺结核，古代医书称为"虚劳""痨瘵"，《本草再新》《本草从新》对其均有记载。民间有用燕窝配白芨各 6 克加冰糖炖食，对舒缓肺结核咯血最为适宜。

临床案例：

1990 年贾思明医生发表论文《复方燕窝片治疗慢性气管炎 524 例》。治疗方法是以燕窝泥 12 克，海浮石、海蛤壳、海螵蛸各 10 克，上药共为细末，过细筛后压制片剂，每片 0.5 克。每日 3 次，每次饭后服 6 片。

治疗效果：

本组治疗 524 例，服药 2 个疗程后，饮食增多，咳、喘、痰症状明显好转。10 天为 1 个疗程，一般 5 个疗程可愈。其中最短的 1 个月，最长的 1 年痊愈，随访未见复发。

临床案例：

1987 年陶政燮医生发表论文《燕窝泥外治咽喉炎》。治疗方法为取室内梁上燕子窝泥研细，加适量好醋拌成糊状，均匀摊于手掌大的牛皮纸上，睡前贴于倾下雍泉穴，外用布条绕头顶和颈项，翌辰揭去。如一次未愈，依前法再敷 1～2 次。

治疗效果：

用此法治疗咽喉炎 48 例，其中一次治愈 10 例，二次治愈 28 例，三次治愈 6 例，无效 4 例。

养胃

《本经逢原》载燕窝"能使金水相生，肾气滋于肺，而胃气亦得以安，食品中之最驯良者。"《本草求真》载燕窝"入胃补中，俾其补不致燥，润不致滞，而为药中至平至美之味者也，是以虚劳药石难进，用此往往获效。"曹雪芹在《红楼梦》中写道："先以平肝健胃为要，肝火一平，不能克土，胃气无病，饮食就可以养人了。每日早起拿上等燕窝一两，冰糖五钱，用银铫子熬出粥来，若吃惯了，比药还强，最是滋阴补气的。"

所以，燕窝是养胃佳品。

缓肝

《医林纂要·药性》记载：燕窝"甘能和脾，养肺，缓肝。"中医认为肝属木，脾属土，木旺则克土，就是说肝火旺会影响脾胃的功能，食燕窝则可滋阴平肝。

肝炎患者的治疗应注意供给富含蛋白质、低脂肪的食品，忌酒和辛辣、煎炸食物，摄食量也不能过多，以保护肝脏，促进肝细胞修复再生和肝功能恢复。高蛋白、低脂肪的燕窝是理想的选择，可与牛奶、红枣等炖煮。

健肾

《本经逢原》《本草求真》等医书都记载燕窝有"能使金水相生""入肾滋水"的功效。

肾炎病人在发病初期，忌高蛋白饮食，一般每日每千克体重不应超过1克，每天可限制在35～40克左右。这是因为蛋白质在体内代谢后，可产生多种含氮废物，又称"非蛋白氮"，如尿素、尿酸、肌酐等，这会增加肾脏排泄的负担。特别是在肾功能减退、尿量减少的情况下，更会导致血液中非蛋白氮的含量增高，形成尿毒症。肾炎后期，若尿中排出大量蛋白质，并有明显贫血及水肿，且血中尿素氮接近正常值时，又当增加蛋白质饮食，每日每千克体重1.5～2克，全天总量可在100克左右，而且要食用优质动物蛋白，如燕窝、奶制品、鸡蛋、鲜鱼、瘦肉等。

补心

《医林纂要·药性》记载："燕窝咸能补心，活血。"心脏病患者的饮食要注意降低脂肪、限制胆固醇、适量蛋白质、碳水化合物、矿物质和维生素。燕窝作为不含脂肪和胆固醇的优质蛋白质，同时富含矿物质，适于心脏病人食用。

清目

中医认为眼的生理功能与全身腑脏经络均有关系，尤与肝最为密切。所谓"肝开窍于目"（《素问》），"肝气通于目"（《灵枢·脉度》）。如前文提到的《红楼梦》食谱和《医林纂要·药性》等医方、医书都认可燕窝对于肝的作用，认为食燕窝不但滋阴平肝，还能使目清神畅。

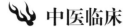 中医临床

咳喘

燕窝对咳嗽的疗效，在中医医方、医书中多有记载。如《本草再新》记载"燕窝大补元气，润肺滋阴。治虚劳咳嗽。"《本草纲目拾遗》记载"燕窝，大养肺阴，化痰止嗽，补而能清，为调理虚损痨瘵之圣药，一切病之由于肺虚不能清肃下行者，用此皆可治之。"《医林纂要·药性》记载"燕窝其胶黏之性，尤能滋涸竭而化痰涩。"《本草理新》记载"燕窝治肺火旺，咳嗽痰多，气虚咳喘，失血劳伤。"

痤疮

痤疮又名"青春痘"，多发于男女青春期，因这个时期青年人血热偏盛，脏腑功能失调所致。预防和治疗青春痘的药膳食疗历史悠久，利用清热凉血、清热解毒、清热燥湿、利水渗湿的药膳进行食疗，可收到较好疗效。燕窝性平属水，具有消火滋阴的功效。《本草再新》记载燕窝可"引火归原"；《萃金裘本草述录》记载"常服如燕窝等平淡清补、益阴养肺之品或能裕阴而摄阳，不致壮火食气。"燕窝可以平肺经热症，因此可以治疗痤疮。

甲亢

甲亢病人突出的症状为高代谢症候群和精神亢奋。其病多因气、火、痰、

瘀交织为患，其中"火"最为突出，临床上"火"分实火（如心肝胃火旺证）和虚火（如阴虚火旺证）。实火也称"壮火"，"壮火食气"，在病变的一定阶段会出现伤阴耗气证，久则可致气阴两虚、肝肾阴虚，甚则可致阴虚阳亢、阳亢化风之证，故出现怕热、汗出、心悸、食欲亢进、形体消瘦、手指及舌体颤动等症状。

甲亢治疗上常通过疏肝理气、清肝泻火、健脾化痰、滋阴降火、滋补肝肾、宁心安神、祛痰散结、活血通络、驱除邪毒等多种方法、多个环节，以达到调整人体内环境失调的病理状态。总的饮食原则是宜进清淡含维生素高的蔬菜、水果及营养丰富的瘦肉、鸡肉、鸡蛋、淡水鱼等，同时应予以养阴生津之物，如银耳、香菇、淡菜、燕窝等。《本草再新》记载燕窝可"引火归原"；《本草求真》记载燕窝"入肺生气，入肾滋水，入胃补中，俾其补不致燥，润不致滞。"因此，甲亢病人是适宜吃燕窝的。

阴虚

中医一般把人的体质分为四种：气虚、阳虚、阴虚、血虚。把进补分为温补、清补、平补、峻补、通补等。阴虚的人体液和油脂分泌不足，身体因而呈缺水状态，以致眼干、鼻干、口干、皮肤粗糙，头发干枯。这类人也有贫血问题，经常手足冰冷。另一方面，阴虚较严重的人，阳火相对会显得旺盛，燃烧体内的津液，令人感到口干喉痛，严重时会低热（即探热不觉体温上升，但自觉手、足、心烦热），这种热我们称为"阴热"或"虚热"。燕窝性平清补，滋阴补气，适于阴虚人群食用。

中风

中风属脑血管系统中的常见病，中医认为中风的发生与以下几种情况有关：一是起居失宜，七情郁结，肝热化风；二是饮食失节，脾失健运，湿聚生痰；三是体质素虚，外感风邪。风、火、痰、热互相影响而突然发病，是中风最常见的直接发病因素。

故从膳食方面来说，中风患者饮食宜清淡，多吃些新鲜蔬菜、水果，如萝卜、藕、芹菜、大白菜、香蕉、梨等，以凉血清热、消食开胃、宽胸理气。禁食膏脂、厚味、肥甘、生痰动火的食物，如鸡肉、猪油、辣椒、烟酒等。

燕窝属水性平，《本草再新》《本草从新》等医书记载燕窝可"引火归原""清肃下行""入肾滋水""润不致滞"，所以适于中风患者食用。

水痘

《中国医学大辞典》记载燕窝入药煎用或单煮汁服有治小儿痘疹的功用，同时注意忌吃燥热和滋补性的食物。

便秘

中医古籍记载燕窝"补不致燥，润不致滞，有润肠开胃"的功效，因此调整饮食结构，食用燕窝对治疗便秘是有帮助的。

更年期

更年期妇女的临床表现主要有六大类型：

（1）心脑血管系统：潮热出汗、心慌气短、胸闷不适、心律不齐、血压波动、高血脂、头痛、眩晕、耳鸣、眼花等。

（2）神经精神系统：性格改变、情绪波动、烦躁不安、消沉抑郁、焦虑、恐惧、失眠、多疑、记忆力减退、注意力不集中、思维和语言分离等。

（3）泌尿生殖系统：月经紊乱（血量增多或减少、周期缩短或延长）等。

（4）骨骼肌肉系统：骨质疏松、肌肉酸胀痛、乏力、关节足跟疼痛抽筋、驼背、身高变矮、关节变形、易骨折、指甲变脆等。

（5）皮肤黏膜系统：干燥瘙痒、弹性减退、光泽消失、水肿、产生皱纹、老年斑、口干、口腔溃疡、眼睛干涩、皮肤感觉异常（麻木、针刺、蚁爬、温度降低等）、脱发等。

（6）消化功能系统：恶心、咽部异物感、嗳气、胃胀不适、腹胀、腹泻、便秘等。

更年期妇女需要滋阴，燕窝不寒不燥、养胃润虚的特性为多种医方、医书认可，长期食用可以舒缓焦虑、失眠等更年期表现，改善皮肤和肠胃。

调经

燕窝的主要成分是活性蛋白质和矿物质。经期由于血液流失，食用燕窝补充蛋白质等营养成分是适合的。中医认为燕窝性平味甘，有滋阴润燥、

益气养阴的功效。

《红楼梦》第五十五回写王熙凤"禀赋气血不足，兼年幼不知保养，心力更亏，复添了下红之症"时，就"只吃燕窝粥，两碟子精致小菜"。食用燕窝对月经周期不会产生任何负面影响，经期不调的年轻女性，或表虚多汗的更年期妇女，宜常食之。

其他

香港的学者研究发现，燕窝能增强人体对 X 射线及其他放射线损害的抵御能力，这为燕窝应用于癌症放疗患者提供了强有力的理论基础。

在中国卫生部 2000 年 6 月批准的保健食品目录中，就有西洋参燕窝口服液，批准的功能是免疫调节。

在 2000 年取得国家卫生部保健品批准文号的产品中，还有北京一家公司申报的燕窝秋梨膏，在卫生部批准的产品功能栏中也是"免疫调节"。可以说，燕窝的调节免疫功能是有物质基础的，也得到了广泛认可。

历代药方与食谱

历代药方

《内经类编试效方》治老年疟疾、久疟、小儿虚疟、胎方：燕窝三钱，冰糖半钱，炖食数次。

《文堂集验方》治痰喘方：秋白梨一个，去心，入燕窝一钱，先用开水泡，再入冰糖一钱蒸熟。每日早晨服下，勿间断。

《本草纲目拾遗》治反胃久吐方：服入乳，多吃燕窝。

《救生苦海》治噤口痢方：白燕窝二钱，人参四分，水七分，隔汤炖熟，徐徐食之。

《岭南杂记》治膈痰方：燕窝白者入梨加冰糖蒸食，能治膈痰。

历代食谱

《食物宜忌》云："燕窝壮阳益气，和中开胃，添精补髓，润肺，止久泻，消痰涎。"

秋梨炖燕窝

《随园食单》记："燕窝贵物，原不轻用。如用之，每碗必须二两，先用天泉滚水泡之，将银针挑去黑丝。用嫩鸡汤、好火腿汤、新蘑菇三样汤滚之，看燕窝变成玉色为度。此物至清，不可以油腻杂之；此物至文，不可以武物串之。余到粤东，杨明府冬瓜燕窝甚佳，以柔配柔，以清入清，重用鸡汁、蘑菇汁而已。燕窝皆作玉色，不纯白也。或打作团，或敲成面，俱属穿凿。"

《醒园录》曰："用滚水一碗，投炭灰少许，候清，将清水倾起，入燕窝泡之，即霉黄亦白，撕碎洗净。次将煮熟之肉，取半精白切丝，加鸡肉丝更妙。入碗内装满，用滚肉汤淋之，倾出再淋两三次。其燕窝另放一碗，亦先淋两三遍，俟肉丝淋完，乃将燕窝逐条铺排上面，用净肉汤，去油留清，加甜酒、豆油各少许，滚滚淋下，撒以椒面吃之。"

又有一法："用熟肉锉作极细丸料，加绿豆粉及豆油、花椒、酒、鸡蛋清作丸子，长如燕窝。将燕窝泡洗撕碎，粘贴肉丸外包密，付滚汤烫之，随手捞起，候一齐做完烫好，用清肉汤作汁，加甜酒、豆油各少许，下锅先滚一二滚，将丸下去再一滚，即取下碗，撒以椒面、葱花、香菇，吃之甚美。或将燕窝包在肉丸内作丸子，亦先烫熟。余同。"

《老老恒言》云："上品燕窝粥，煮粥淡食，养肺阴，化痰止咳，补而不滞。煮粥淡食有效。色白治肺，质清化痰，味淡利水，此具明验。"

《浪迹三谈》曰："今京师好厨子包办酒席，惟恰外取好燕窝一两，

重用鸡汤、火腿汤、麻菇汤三种之瀹，不必再加他作料，自然名贵无比。"

现代燕窝食疗方精选

玉竹蜜燕

原料：燕窝 3～5 克、玉竹 15 克、蜂蜜或冰糖水适量。

做法：

1. 将燕窝炖煮好备用。

2. 将玉竹放入砂锅中，加入三碗水煮成一小碗水。

3. 将煮好的汤汁用过滤网滤掉残渣后倒入炖盅内。

食法：将备好的燕窝加入汤内，食用时加入蜂蜜或冰糖水调味即可。

功效：补气养阴、驻颜美白、清肺润肺。

川贝蜜草燕

原料：燕窝 3～5 克、川贝 2 克、鱼腥草 3 克、蜂蜜或冰糖水适量。

做法：

1. 将燕窝炖煮好备用。

2. 将鱼腥草和川贝放入砂锅中，根据自己的需要加入适量的水，煮30～40分钟。

红枣杞子炖燕窝

3. 将煮好的汤汁用过滤网滤掉残渣后倒入炖盅内。

食法：将备好的燕窝与汤汁拌匀，食用时加入蜂蜜或冰糖水调味即可。

功效：清肺润肺、解毒化痰、解烟毒、减烟瘾。

西洋参燕窝

原料：燕窝 3～5 克、西洋参 4 片、蜂蜜或冰糖水适量。

做法：

1. 将泡发好的燕窝与西洋参一起炖煮，方法与炖燕窝相同。

花旗参炖燕窝

2. 炖煮 30～40 分钟即可。

食法：食用时加入蜂蜜或冰糖水调味即可。

功效：益肺阴、清虚火、补中气、止烦渴。

决明子燕窝

原料：燕窝 3～5 克、决明子 5 克、蜂蜜或冰糖水适量。

做法：

1. 将燕窝炖煮好备用。

2. 将决明子放入砂锅内，根据自己的需求加入适量的水，煮 30 分钟。

食法：用滤网将煮好的汤汁过滤出来，倒入炖好的燕窝中，加入蜂蜜或冰糖水进行调味，即可食用。

功效：滋阴润肺、清肝明目、利水通便。

杏仁桃仁燕窝

原料：燕窝 3～5 克、杏仁 1.5 克、桃仁 5 克、蜂蜜或冰糖水适量。

做法：

1. 将燕窝放入炖盅炖 20 分钟。

2. 根据自己的需求加入适量的水，将准备好的杏仁、桃仁放入燕窝炖

盅内一起炖 15 分钟。

食法：炖好后，加入适量的蜂蜜或冰糖调味即可食用。

功效：润肺祛痰、止咳平喘、活血润肠、健脑，养颜美白。

川贝杏仁燕窝

原料：川贝、杏仁、燕窝各 10 克，冰糖 15 克。

做法：

1. 川贝、杏仁打成粉；燕窝发透，用镊子除去燕毛；冰糖打碎。

2. 燕窝、川贝、杏仁、冰糖同放炖锅内，加水 100 毫升。

杏仁百合炖燕窝

3. 炖锅置中火烧沸，改用文火炖煮 50 分钟即成。

食法：每日 1 次，早餐服用，每次 1 杯。

功效：治过敏性哮喘、滋阴润肺，祛痰止咳，适合肺病咳嗽患者食用。

冰糖燕窝粥

原料：燕窝 10 克，粳米 100 克，冰糖 10 克。

做法：

1. 燕窝用水泡发后，用镊子除去燕毛；粳米淘净，冰糖打碎。

2. 粳米放入锅内，加 800 毫升水，置武火烧沸，放入冰糖、燕窝，改用文火煮 45 分钟即成。

燕窝粥

食法：每日 1 次，每次 50 克。

功效：润肺止咳，适合肺心病、咳喘或体质偏阴虚的患者食用。

白芨燕窝

原料：白芨、燕窝各 15 克，冰糖适量。

做法：诸药入砂锅，文火炖煮去渣，加冰糖调味。

食法：每日两次，早晚各服一次，连续 15 ～ 20 天。

功效：治老年慢性支气管炎、肺气肿、咳血及肺结核咯血等症。

西洋参蒸燕窝

原料：燕窝、西洋参各 5 克。

做法：蒸熟

食法：每日两次，早晚各服一次，连续 15 ～ 20 天。

功效：治盗汗、潮热、干咳、咳血等症。

糖杞燕窝

原料：燕窝 30 克，枸杞 15 克，冰糖 180 克。

做法：燕窝用温水浸泡，去净绒毛杂质，加 100 克开水，蒸半小时，倒入用枸杞、冰糖煮成的枸杞糖水。

雪梨杞子炖燕窝

食法：拌匀食用。

功效：有养阴护肝，补脾强身作用。适用于慢性支气管炎，支气管扩张，肺结核等症。健康人食用之可消疲劳，提精神、补肺肾。

🔥 燕窝的饮食文化

中国自古就有"药食同源"之说，而"民以食为天""安谷则仓，绝谷则危"等句，也说明了饮食活动在人类社会发展进步中起到了特别重要的作用。

饮食，是人体从外界环境中吸取赖以生存的营养与能量的主要途径，是生命活动的基础与表现，是与人的生存息息相关的。人们饮食的根本目的在于使人气足、精充、神旺、健康长寿，在这个目的下，逐渐形成了中国传统饮食养生理论。中国饮食的变化和发展始终是在哲学思想、养生思想指导下进行的。但饮食养生不同于饮食疗疾，饮食养生是通过饮食调理达到健康长寿的目的，不是治"已病"，而是治"未病"。这种治"未病"之法就是促进健康、预防疾病的养生之道。

饮食与养生是对立统一的辩证关系，二者紧密联系，相互作用，相辅相成。饮食的目的在于达到养生的需求，养生的基础是合理的饮食。像儒家的崇尚礼乐，饮食时宜；道家的崇尚自然；佛家的禁欲修行，倡导素食等等，这些理论对于中国人的饮食结构影响深远。

我国古人在丰富的饮食实践的基础上，在理论探索中，形成了博大精深的饮食养生理论和文化，这些理论和文化对我们今天的饮食生活仍然有重要的指导意义。

燕窝饮食文化

燕窝是被历代医家书籍称之为"稀世养颜健体圣品""调理虚损痨瘵之圣药"的饮食之上品。燕窝也是养生保健的重要食品，随着时代的发展，逐渐形成了特有的燕窝饮食文化。

从唐朝开始，燕窝就是御膳珍品，有"东方珍品"之美誉。当时燕窝被称为"燕菜"。唐高宗时期，还有一道用白萝卜丝充燕窝的"假燕菜"料理。

明朝初年，海宁 106 岁的寿星贾铭献给明太祖朱元璋的养生食书《饮食须知》中，也提到了燕窝，

燕窝被历代医书认为是饮食之上品

但那时，燕窝尚未在食肆使用。明人《宛署杂记》中提到大宴中已有燕窝，说明明朝南北官府大宴已用此作为名菜了。

清初吴伟业有诗云："海燕无家苦，争衔白小鱼。却供人采食，未卜汝安居。味入金齑美，巢营玉垒虚。大官求远物，早献上林书。"可见当时燕窝已是"大官之食"了。"大官"即太官令，是掌管御食的官员。

清代燕窝是"贵家珍品"，清代帝王更是将它视为上品素菜而食之，非寻常之食物。清康熙年间的《调鼎集》记载的数十种"上席菜单"中，名列首位的就是燕窝。

宴席上燕窝有讲究，作为筵席档次的标志，头菜有燕窝之席算是"高级"宴席。燕窝上桌，极讲究餐具配套，器皿宜精雅晶莹，如玉人看暗纱，益显其美。燕窝在席，均为头菜，宜在上大菜前上桌。若在肥腻之物充腹之后再供食，则此席主味与次味颠倒，非但无趣，且易为来客认为悭客不恭，

宴席上燕窝有讲究

缺乏慷慨待客之诚意。为防粗心客人初食此食不知为何物，主人不妨以敬菜为由，提醒客人，请各位品尝燕菜，主宾伸筋之后，诸客亦启动，以示主人待客以郑重，益显燕菜之名贵也。

满汉全席与燕窝

清代筵席集大成者非满汉全席莫属。满汉全席是一种集合满族和汉族饮食特色的超大型筵席，起源于清朝的宫廷，原为康熙皇帝66岁大寿的宴席，旨在化解满汉不和，提倡满汉一家。后世沿袭此传统，加入珍馐，极为奢华。当时的满汉全席有宫内和宫外之别，宫内的满汉全席专供天子、近支皇族等享用。除天子外，皇族子嗣和姻亲、功臣（汉族只限二品以上官员和皇帝心腹）才有资格参加宫内的满汉全席。宫外的满汉全席常常是由满族一、二品官员主持科考和地方会议时，以满汉全席招待钦差大臣，入席时要按品次，佩戴朝珠，公服入席。

满汉全席包括蒙古亲藩宴、廷臣宴、玩寿宴、千叟宴、九白宴、节令宴。用燕窝的有廷臣宴菜谱膳汤一品（一品官燕）、节令宴菜谱膳汤一品（罐煨山鸡丝燕窝）。

清炖燕窝

四季燕窝

一年四季，要适应气候变化有效地保养身体，防御疾病的侵害。四季气候不同，饮食也应有所差异。四季用燕，各有侧重，清代更为讲究味不雷同。

春季　食用绣球燕、琉璃燕、白玉燕、鸳鸯燕、会燕、龙头燕等。

　　绣球燕：用虾穰内裹艾（有虾茸、不用肉馅），外松仁。

　　琉璃燕：燕窝用大汽鸡皮、火腿、蘑菇盖面，鸽蛋衬底，榆耳、虾扇挂卤。

　　白玉燕：燕窝用鸡皮丝、鸽蛋、香菌衬底，肉丝清汤。

　　鸳鸯燕：燕窝用鸽子炖，双拼，上清汤。

　　会　燕：燕窝用龙脑香、凤凰胎（鲤鱼精白）、石耳、无底面。

　　龙头燕：用燕窝虾茸酿成龙头形，配鸡皮、火腿、蘑菇、大块黄鱼碎肉。

夏季　食用八宝燕、玉带燕、冰糖燕、琉璃燕等。

　　八宝燕：用甜杏红、胡桃仁、莲子、火腿、鸡皮、虾仁、鸡蛋、蘑菇盖面或衬底。

　　玉带燕：用鸡丝皮、火腿、蘑菇、海带缠，底铺虾脯。

　　冰糖燕：冰糖燕窝，用豆腐脑衬底。

　　琉璃燕：用鸡丝皮、火腿、蘑菇、笋尖、鸽蛋衬底，挂卤。

秋季　食用埋伏燕、虾扇燕、十锦燕、灯笼燕、馄饨燕、高升燕等。

　　埋伏燕：用鸡皮、榆耳、笋、火腿、鸽蛋、清汤底子、汽燕。

　　虾扇燕：用鸡皮、榆耳、火腿、蘑菇、黄笋、石耳、虾扇衬底。

　　十锦燕：用鸡皮、火腿、香蕈、蘑菇、贡笋、鸡丝衬底。

　　灯笼燕：用核桃仁、甜杏仁、腌韭菜、清炖鸡衬底。

　　馄饨燕：用鸡皮、火腿、蘑菇方块底、煎鸽蛋衬底。

　　高升燕：用虾丸底衬鸡皮、火腿、榆耳、蘑菇，太骨排块四边镶。

冬季 食用三鲜燕、把子燕、福寿燕、清汤燕、螃蟹燕。

　　三鲜燕：配鸡皮、火腿、榆耳、冬笋干、清汤，底衬黄芽菜白心。

　　把子燕：配鸡皮、火腿、香草、鸽蛋、蘑菇、清汤，底酿鲫鱼。

　　福寿燕：配火腿、虾仁、鸽蛋、青果炖鸡。

　　清汤燕：配火腿、笋夹、蘑菇、冬笋底。

　　螃蟹燕：燕窝用螃蟹盖面，不用底。

最佳的食用周期及时间

食用周期

燕窝是食疗佳品，但是它的功效是缓慢的，必须长期食用才能产生效果。如果方法得当，大多数人连续食用3个月就有效果，少部分人连续食用6个月才见效。

少食多餐，定期进食

吃燕窝的正确方法在于少食多餐，保持定期进食。条件好的一天两次或者一天一次，至少每周3次，干燕窝每人每次5～8克，少则3克；即食燕窝每人每次20～30克，这样才能让肠胃充分吸收燕窝的营养精华，保证燕窝的功效。

食用时间

食用燕窝的最佳时间是在起床后、临睡前的空腹时，人体全身处于最松弛的状态，燕窝的营养尽能被吸收。饭前2个小时和饭后2小时也是吃燕窝较好的时候。

根据中医"子午流注"规律，辰时（7点至9点），足阳明胃经最旺，是一天中食物最容易消化吸收的时间，故在早上7点左右吃燕窝，营养吸收率最高。酉时（17点至19点），足少阴肾经最旺。"肾藏生殖之精和五脏六腑之精。肾为先天之根。"人体经过申时泻火排毒后，进入肾经兴奋阶段，肾开始贮藏五脏六腑之精华，以备人体急时所需。此时宜进补。

晚睡晚起者或者熬夜者，可以睡前或起床后食用燕窝，具有提高免疫力、延缓脑组织衰老、延缓皮肤老化和消除氧自由基的作用。

儿童、妇女和年长者可以在卯时（5点至7点）食用燕窝，此时手阳明大肠经最旺，有助于调养。咳嗽或肺部有病痛的患者，寅时（3点至5点）

手太阴肺经最旺,吃燕窝效果会好。申时(15点到17点)足太阳膀胱经最旺,吃水果燕窝,有助于强肺和病后调理与复原。

燕窝的食用方法

燕窝的涨发

燕窝的烹制比较精致,要求较高,烹制前必须先将燕窝涨发,然后进行炖煮加工,才可使用。

涨发是烹制燕窝的重要环节,其方法有碱发法、蒸发法和泡发法。

碱发　燕窝加温水泡,再用净水漂洗两三次(注意保持形态整齐),然后泡入凉水中;用前倒去水,用碱面拌和燕窝,一般50克燕窝用碱面1.5克(燕窝如较老,可用2.5克),加开水汆一下;至燕窝涨起,倒去一半碱水,再用开水汆三四次,至膨大为原品的3倍,手捻感柔软而发涩,一掐便断即成。然后漂洗去碱面,泡入凉水中待用。入烹前用干布吸去水分即可。此方法为旧式发法,不建议采用。

蒸发　又称"上笼""蒸锅"。先将燕窝放入50℃水中浸泡,至水凉后,换入70℃水中浸泡,至膨发后取出,保护好不要弄碎,换水漂洗两次,放入80℃水中烫一下,洗净装碗,小火蒸至松散、软糯即可。

泡发　又称"浸发""发料"。以水为助发溶剂,将干料浸至膨胀、松软、柔嫩后供正式烹调用。干货原料重新吸入水分后,能最大限度地恢复原有的鲜嫩、松软状态。泡发按水温情况可分:

冷水发(或温水发)　又称"浸发""漂发"。水温一般在40℃左右,夏季为常温,冬季为温水。燕窝用

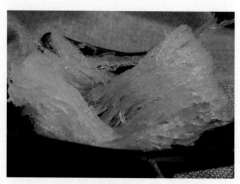

燕窝泡发

冷水浸泡2小时,捞出拣去羽毛、杂质,然后放入沸水锅中,加盖焖浸约30分钟,如尚未柔软,可换沸水再焖浸30分钟。因在烹调过程中还有煨

煮过程，故不可发足，以防煨煮过头溶烂，失去条形和柔软口感。至适用时捞出，泡入凉水待用。用前下入沸水锅汆2分钟左右后再烹。此法宜用于汤羹菜。

热水发 又称"泡发""煮发""焖发"。将燕窝干料浸入热水中，通过升温加热，提高水分子的渗透速度，促使燕窝干料充分膨胀，以达到用常温水涨发难以达到的效果。建议救急才用。

用冷水或热水浸泡燕窝均有讲究，浸发时间宜适中，不宜太短或过长。有人觉得燕窝浸发后拣细小燕毛费工费时，对此不妨在浸妥的燕窝中加一滴生油，然后用筷子拨弄，燕毛随油漂走，拣除变得容易。

发好的燕窝泡发在凉水中待用，但不宜久存，须尽快使用。涨发燕窝的水与工具要清洁，不可沾有油污，否则会影响发制质量。

发燕窝四个关键

目前，最常见也是应用最广泛的燕窝发制方法是泡发，但是发制燕窝时，水温与发制时间要视燕窝的老嫩、品种、季节和烹调方法的不同进行适当调节，并要经常检查，以防发不透留有硬心，或发过而导致溶烂。所以，准备泡发燕窝时，首先要注意下面四个关键：

1. 先识老嫩。燕窝就像生物一样，有老、嫩之分，如果不懂得区分，也就不能掌握正确的泡发时间。那么什么样的燕窝较老，什么样的又为嫩呢？老的燕窝个头一般较大，长度大多在8厘米，有些甚至超过了10厘米，而且燕盏比较厚，大多超过1厘米。这种燕窝的浸泡时间一般控制在10个小时左右。嫩的燕窝个头比较小，燕盏的厚度也比较薄，浸泡时间比较短，一般都在5～6个小时。有一些比较嫩的燕窝个头也很大，但是厚度也算不太厚，所以浸泡时间略长，大约6小时。

2. 品种不同，泡发时间有差异。根据形态的不同，燕窝分为燕盏、燕角、燕网、燕碎、燕条等。原料不同，

根据燕窝的老嫩、品种、季节和烹调方法，发燕窝的水温和时间要进行适当调节

它们的涨发时间也不同。对比来说，燕网、燕碎、燕条的涨发时间都很好掌握，一般都控制在 2～3 个小时，燕盏的泡发时间前面已提到，这里说说燕角。燕角是金丝燕用来固定燕窝两端的部分，是燕窝的"承重梁"，由于津液非常多，所以质地比较硬，浸泡时间一般要略多于 10 个小时。

三角燕也是饭店经常使用的一种燕窝。这种燕窝在发制时，一定要严格区分大小。一般三角燕的长度都在 10 厘米左右，浸泡时间一般控制在 6 个小时；而小的三角燕长度在 5 厘米左右，浸泡时间只要 3 个小时。

3. 冬长夏短。季节不同，食客对于燕窝口感的要求也会略有差别。冬季涨发的时间要长一点，而夏季由于天气比较炎热，所以浸泡时间略短一点。

4. 加热方法不同，处理有异。目前，燕窝最常见的烹调方法有隔水炖、红烧、炒、干捞四种。烹调方法不同，泡发燕窝的时间和方法也应略有差异。以白燕盏为例，将燕盏放入冷的矿泉水中，浸泡 5～6 个小时至回软，捞出去掉杂质和燕毛，洗净后吸干水分，放入保鲜盒内，用保鲜膜密封，放入冰箱内冷藏保存。客人点菜时，将燕窝取出，先用冷水冲洗片刻，然后用 50℃～60℃的温水冲洗片刻，祛除在冰箱冷藏时产生的异味。最后根据菜肴烹调方法的不同，进行不同的处理。

隔水炖是先将温水冲过的燕窝放入容器内，放入其他原料。如果选择的是屋燕，则中火炖约 30 分钟；如果选择的是洞燕或者燕角，则需要中火炖 1 个小时。切记不能使用大火，否则高温会造成燕窝融化。如果是燕碎或者燕条，经过温水冲洗后，直接放入容器内，浇上熬好的糖水即可上桌，绝对不能进行加热，否则上桌后就是一团"糨糊"。

红烧或炒燕窝的话，燕窝先用温水冲洗后，再放入砂锅（铁锅不可以）内，倒入 90℃的开水。如果是嫩的燕窝，则继续用小火加热 2～3 分钟即可捞出来烹调；如果是老的燕窝，则继续用小火加热 4～5 分钟才能捞出来烹调。

采用干捞这种烹调方法的菜肴，一般都选择燕碎或者燕条，用温水冲过后即可使用。

发燕窝五个误区

很多厨师虽然懂得燕窝的泡发方法，但是对于一些细节和关键点，并不是特别了解，因此加工过程中出现了很多错误。主要误区如下：

1. 浸泡水温过高。泡发燕窝一定要采用常温水（20℃～30℃），只有在急用的时候，勉强可以用温水浸泡。用50℃～60℃的水泡发燕窝是绝对错误的，更别说70℃～80℃的水了。因为燕窝中蛋白质含量在50%以上，如果采用高温浸泡，蛋白质受热变性，会严重影响燕窝的营养价值，而且发好的燕窝口感不好，完全不能体现出本身的爽滑口感。另外，燕窝的膨胀需要足够的时间，如果时间不够，发好的燕窝会不够蓬松。

2. 用自来水浸泡。燕窝是一种非常高档的食材，所以浸泡一定要用纯净水。自来水虽然成本低，但是由于其本身经过了处理，难免会有很多杂质和漂白粉的味道，会严重影响燕窝的口感。

燕窝浸泡一定要用纯净水

3. 追求10倍以上的发头。燕窝的发头基本是固定的，一般都保持在8倍左右，即100克干燕窝可以发到800克湿燕窝，有些品质非常好的燕窝，可以发到10倍。而燕碎、燕条如果处理得当，涨发率也会接近于8倍。但是，不要盲目追求燕窝的涨发率。从理论上说，燕窝的发头可以很高，要想发到30倍也是可以做到的，但是口感呢？基本全无，吃起来就跟"糨糊"一般。所以提醒大家，一定要按照标准发燕窝，不可盲目追求涨发率。

4. 浸泡超过12小时。为了追求高的涨发率，很多厨师采用长时间浸泡的方法，有的甚至超过18个小时，这种做法是绝对不可取的。长时间浸泡后的燕窝，经过烹调后口感会像水一样，味道很差。

5. 加食用碱或化学添加剂泡发。燕窝是一种很高档的食材，营养价值高是它区别于其他食材的一个特点。但是有很多厨师在涨发燕窝时加入碱性物质，比如食用碱、食粉、高弹素，增加发制效果。从健康饮食的观念出发，这些做法都是不可取的，也会直接影响到燕窝本身的口感和风味。

燕窝的烹制

炖燕窝是将涨发处理好的燕窝放入汤内用文火慢炖，最好是采用不含

氯成分的清水来炖煮，蒸馏水和矿泉水均可以，炖煮分量为每人5～8克。炖燕窝的时间也与燕窝的种类和质量息息相关，一般血燕用文火慢炖1～2小时，白燕用文火慢炖约30分钟～1小时，燕丝用文火慢炖30分钟，燕条用文火慢炖1小时，燕饼用文火慢炖1～2小时。炖燕窝时可以再加入火腿、鸡肉、鹌鹑、鸽子蛋等配料。用清鸡汤或蘑菇汤炖燕窝，其味清香四溢，妙不可言。

放入碗里面用凉水泡发

泡发6小时后

泡发8小时后，把燕窝清理撕开

泡发10小时后，把水滤掉

称发头大概有8.8倍发头

隔水小火炖40分钟，香味浓郁

炖燕窝的注意事项

主要器皿：电磁炉或家用液化灶、带盖紫砂或陶瓷炖盅、不锈钢锅、漏网、汤匙、奶盅。

水量：燕窝泡制好，倒入炖盅，水适量，盖过燕窝为宜。

温度：先用高火使水沸腾，然后转用文火慢炖。

配料：各种配料应单独煮炖。

此外，自制燕窝时应该注意，燕窝并非炖的时间越长越好，若炖煮时间太长，会破坏其蛋白质组织，反而使其营养下降。需要注意的还有，食用燕窝期间少吃辛辣油腻食物，不抽或少抽烟。否则就会使燕窝的功效难以发挥，其营养不能很好地被人体吸收利用。

燕窝的食用禁忌

燕窝性平属水，可以和各种食物相配，没有和燕窝起不良反应的食物。燕窝配食讲究"以清配清，以柔配柔"。一般食用燕窝期间要少吃辛辣油腻食物，不抽或少抽烟。咖啡、茶可以和燕窝同时食用。服用中西药期间可以吃燕窝，只要不同时食用药物和燕窝即可。

感冒期间由于人体不能很好地吸收燕窝的营养，所以不宜食用燕窝。中医认为，表邪病症禁食燕窝。清代王士雄在《随息居饮食谱》记载燕窝"病邪方炽勿投"，近代医家曹炳章建议燕窝"有表邪人切忌"。《中华本草》《中药大辞典》中均有提及，其他没有食忌记载。急性疾病严重时和感冒期，免疫系统功能下降，自身各器官功能都受影响，特别是呼吸道和消化道最明显。感冒期间如果有发热等症状时，最好暂停食用燕窝等补品，以免影响感冒外邪的疏散、驱除。等急性疾病被治愈、感冒好了以后，再进行燕窝等食补调理，增强人体抵抗力和免疫力，以后就会少得感冒了。如仅有咳嗽症状，没有感冒或其他症状的话，可食用燕窝。

燕窝的保存

优质干爽的燕窝置于阴凉不被阳光直射处即可，不可放在冰箱或微波炉的顶部，热量会使燕窝变质。含水率高的燕窝即使放入冰箱也极易变质，故一定要吹干再保存。有湿气的燕窝放在空调下吹一晚，湿气就会消失。如看到霉点就是变质了，变质部分要剔除扔掉，不能食用。

若为浸泡好的燕窝，一定要挤干水分后再放入保鲜盒内，密封后放入冰箱冷藏。

保存燕窝需要注意三点：一是放入保鲜盒前要挤干水分，且不能放入冰块。有些厨师为了让燕窝存放时继续吸收水分而放入冰块或纯净水，这种做法是不对的，会使燕窝品尝起来总是像水一般，口感不好。二是在温度5℃～8℃冷藏最佳，0℃～4℃亦可。三是存放时间最好不超过7天。

❇ 燕窝的烹制方法

冰糖炖燕窝 经典的甜食燕窝莫过于冰糖炖燕窝。将燕窝炖45分钟

冰糖洞燕

左右，红燕盏、金丝黄燕盏、燕饼、洞燕碎炖1小时左右，由于耐火关系，红洞燕盏更需炖2个小时或以上，然后放入冰糖再炖5分钟即可。若不放冰糖炖煮，热食时可加入鲜奶或椰汁；冷食时先将炖好的燕窝冷却，然后放进冰箱，食用时才加入鲜奶或椰汁，别具一番风味。

燕窝红米粥　红米配上燕窝，只要方法得宜，非但不会粗糙，假如加上瘦肉来煲粥，更是调理身体的极佳食疗补品。燕窝红米粥的最佳烹调方法是用近年非常流行的真空煲来烹调。用这种方法，不但可消除燕窝和红米的粗糙感，也可节省能源。材料非常简单，用燕窝1片，红米1碗，瘦肉约150克。先用水把红米和燕窝浸泡，把所有材料放在真空煲的内煲，水滚后约煮10分钟。水的分量一般约为1碗水。煮10分钟后便把内煲放进外煲，合上盖子，进行断热煮食，过程大约需3小时。最后把内煲取出，重新再加热10分钟。假如没有真空煲，用普通的煲也可以，明火大约煲1.5小时。

干贝燕窝粥　干贝2～3粒，洗净后浸透撕开。浸干贝的水不要倒去，留起来煲粥用。燕窝2片，同样浸透洗净。明火烹煮或真空煲均可。水滚后放干贝、燕窝及白米同煲。明火大约煲1小时，真空煲则先煮10分钟，断热煮食2～3小时后，重新加热10分钟。

燕窝早餐　很多人以为每天都要弄燕窝，岂不是很麻烦？其实只要有方法，绝对不麻烦。首先将两三片燕窝泡浸，然后以冷开水盖过燕窝面隔水炖。炖好后便成为一大盅啫喱般的燕窝。待冷却后用保鲜膜盖好放入冰箱备用。每天早上取1～2汤匙的分量，加入鲜奶隔水蒸热，再配上吐司，即成为一份含丰富蛋白质而低脂肪的早餐。

冬茸燕窝羹　一般做冬茸燕窝羹的冬瓜都是先煮熟后再以搅拌机搅成茸，但对

燕麦燕窝

玉米浓浆燕窝　　　　　　　石蜂糖燕窝　　　　　　　藜麦燕窝

于没有搅拌机的家庭，可尝试以下方法做出冬茸：先将冬瓜去皮去籽，放上数片姜，隔水蒸约 30 分钟。然后将蒸好的冬瓜取出，用汤匙将冬茸刮出。鸡胸肉或肥瘦肉剁成肉碎，以粟粉和幼盐调味，加入一些水，再将剁肉搅成肉糜使用。将上汤（可用罐头上汤）煮开后加入冬茸和肉糜，最后放入已炖好的燕窝，再次煮开后即成。要注意的是，此羹切勿下油，仅以上汤和幼盐调味，乃清雅消暑之极品。

官燕炖木瓜粟米　首先将玉米一粒粒剥出，把木瓜去皮切块，燕窝浸透洗净。把所有材料连同冰糖隔水炖约 45 分钟即可。

川贝炖燕窝　为避免川贝的苦味和粗糙的口感，切勿将川贝与燕窝同炖。应该先将春碎的川贝及陈皮煲水，然后弃渣留水。川贝陈皮水加入冰糖和浸透洗净的燕窝，炖约 45 分钟。

三鲜炖燕窝　三鲜是指莲子、鲜百合和鲜白果。将三种材料洗净，连同浸透洗净的燕窝及冰糖，加入适量清水，隔水炖 45 分钟即可。三种材料，可一并清炖，也可分开，或只用其中一种来炖，都不失为口味清新的甜品。

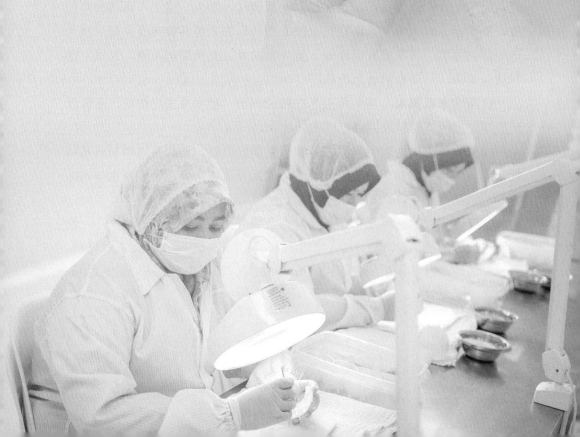

第八章

燕窝产业

燕窝衍生产品

燕窝具有独特的功效的原因之一是因为燕窝已被当今医学界证实富含特有的神经氨酸——唾液酸。国外现代医学研究发现，唾液酸是人体必需的营养元素，是中国传统珍稀食品燕窝中具有的生物活性的主要成分，也是母乳中为婴儿提供早期生长发育所必需的重要成分之一。

随着研究分析手段的进步、现代生物技术的发展及人类科学对细胞表面生物多糖的重要性的认识不断加深，研究表明唾液酸在参与细胞表面多种生理功能，在调节人体生理、生化功能方面起着非常重要的作用，并且具有延年益寿的功效；唾液酸还对纠正儿童偏食，提高儿童记忆力有良好的功效。国际生物制药及功能性食品领域近年来正积极开发新一代的功能性食品和生物制药原料——唾液酸。国际上的专家认为，以唾液酸及其衍生物为主要原料制作的产品将具有巨大的市场潜力。

唾液酸的来源与存在形式

唾液酸又称为"燕窝酸"，是中国传统珍稀食品燕窝中具有的生物活性的主要成分，也是母乳中为婴儿早期大脑发育和免疫体系的完善所提供的重要成分之一。

母初乳中的唾液酸及其生物学功能特性

在宝宝诞生后，母乳是宝宝补充唾液酸的有效途径。新生儿的肝脏发育尚不成熟，加上大脑快速生长发育的需要，自身合成的唾液酸很有限，母初乳中的唾液酸对于保证婴儿正常的生长发育至关重要。

唾液酸多肽在肠道中的抗菌、排毒作用机理

近年来国际上的许多科学研究发现，细胞膜蛋白上的唾液酸对提高细胞识别能力、霍乱毒素解毒、预防病理性大肠杆菌的感染、调控血液蛋白质的半衰期等具关键作用。

唾液酸可提高肠道对于维生素和矿物质的吸收能力

根据简单的异性相吸的物理现象，进入肠道的带有正电性的矿物质及部分维生素（如食物中极其微量的维生素B12等）很容易与带有极强的负电性的唾液酸结合。

唾液酸延年益寿的机理

唾液酸对细胞具有保护与稳定作用，唾液酸的缺乏可导致新陈代谢中血球寿命和糖蛋白的减少。

唾液酸与大脑的智力发展

唾液酸是作用于大脑细胞膜与突触的脑部营养素。它能促进记忆和智力的发育。动物实验发现，在没有唾液酸或唾液酸含量很低的情况下，实验动物的学习和记忆能力均大大下降。

唾液酸的抗病毒作用

流感病毒的主要抗原蛋白之一 HA 为受体阻滞剂，是流感病毒粒子表面的一种主要结构蛋白质，介导病毒粒子与宿主细胞表面糖蛋白受体的唾液酸寡聚糖结合，使病毒粒子进入宿主细胞。

唾液酸与动物的免疫体系

机体免疫能力是根据细胞表面最外层的含有唾液酸的多糖物质的结构而定的，这些多糖物质的结构对熟悉的抗原具免疫反应。

越来越多研究表明，燕窝的名贵并非浪得虚名，唾液酸的发现及其功效的揭秘就是最好的说明。正因为燕窝有如此多的功效，燕窝衍生物才会有着十分广阔的市场发展空间，特别在食品与化妆品上的应用越来越多。

目前市场上燕窝衍生产品在食品领域的品类有：燕窝饮料、燕窝即食冲剂、燕窝雪糕、燕窝月饼、燕窝饼干（曲奇）、燕窝豆腐、燕窝含片、燕窝阿胶、燕窝布丁、燕窝巧克力、燕窝奶粉、燕窝咖啡、燕窝奶茶、燕窝汤圆、燕窝糖果等。

燕窝衍生产品在化妆品领域的品类有：燕窝面膜、燕窝水光针、燕窝魔液、燕窝面霜、燕窝补水喷雾、燕窝眼霜、燕窝精华露、燕窝手霜、燕窝香皂等。

相信随着燕窝市场不断健康发展，将会有更多科研人员投入燕窝衍生产品的研究，未来将会有越来越多的燕窝衍生产品投入市场，为人民的健康与美丽提供更多、更好的选择。

卫生整洁的燕窝加工厂

🔥 燕窝流通与销售

燕窝的主要消费群体是华人，而最大的消费国是中国。产自东南亚的燕窝，90％以上销往中国。在整个流通链中，香港作为自由贸易港扮演着重要的角色，以往有 70％左右的燕窝是经过香港而销往内地的。

在中国，燕窝的流通渠道有很多，批发市场、超市、药店、专门店等都有经营燕窝和燕窝制品。

在批发环节，主要的批发市场集中在广东和福建的海味批发市场与中药材批发市场，全国各地的燕窝几乎都是从这些批发市场进货的。

燕窝作为传统行业，这两年也紧跟时势的发展，在"互联网＋"时代，已经出现网上燕窝批发平台、即食即炖燕窝网上外卖，还有一些燕窝企业成功引入资本投资，规模不断扩大。

在零售环节，大中型超市、药店、专门店等，是燕窝销售的主要渠道。其中，超市和药店所销售的燕窝以干燕窝为主，且多为白燕盏；而燕窝专门店所销售的燕窝则品种繁多，可谓琳琅满目，白燕、燕饼、燕球、燕条等，应有尽有，甚至还提供燕窝炖煮服务。

另外，餐饮业也是燕窝消费的重要渠道，在高端酒家和燕鲍翅专门店，燕窝的消费量也非常可观。

此外，国内还有为数不少的燕窝制品加工企业，生产即食燕窝、即炖燕窝、燕窝罐头、冰糖燕窝、人参燕窝、虫草燕窝、鸡精燕窝等。

🐦 政府监管规定

2011 年"血燕门"之后，中国停止了一切燕窝进口。直到 2013 年，随着我国进口燕窝注册与追溯体系的逐渐完善，燕窝进口才陆续恢复。

2013 年，马来西亚成为首个获准出口燕窝输往中国的国家。2014 年 11 月 20 日，国家质检总局发布了《质检总局关于进口印度尼西亚燕窝产品检验检疫要求的公告》，准予符合检验检疫要求的印度尼西亚燕窝产品进口，使印度尼西亚成为目前我国第二个对燕窝产品开放进口的国家。目前，马来西亚有 19 家、印度尼西亚有 6 家，总计共有 25 家正规溯源燕窝加工厂获准出口燕窝产品至中国。

2015 年 4 月 24 日，中华人民共和国主席习近平颁布《中华人民共和国食品安全法》（主席令第 21 号），于 2015 年 10 月 1 日起施行。新的《中华人民共和国食品安全法》在第六章《食品进出口》第九十一条、第九十二条中规定，"国家出入境检验检疫部门对进出口食品安全实施监督管理。""进口的食品、食品添加剂、食品相关产品应当符合我国食品安全国家标准。进口的食品、食品添加剂应当经出入境检验检疫机构依照进出口商品检验相关法律、行政法规的规定检验合格。进口的食品、食品添加剂应当按照国家出入境检验检疫部门的要求随附合格证明材料。"

随着人们生活水平和富裕程度的提高，社会公众对于食品安全的关注度大大增强了。然而，近几年来，我国频繁发生食品安全事件，例如"红心鸭蛋事件""多宝鱼事件"和多起严重的"问题奶粉事件"等，充分说明食品安全已经成为严重影响公众身体健康和生命安全的重要问题。层出不穷的食品安全事件屡屡引发社会公众对食品安全的心理恐慌，对国家和社会的稳定以及经济的良性发展造成巨大冲击。2008 年"三鹿婴幼儿奶粉事件"给公众的食品安全信心造成沉重打击，给我国乳制品等行业的发展造成了不可估量的损失。随着经济全球化的深化，一旦出现类似 2008 年"三鹿婴幼儿奶粉事件"这样严重的食品安全事件，对中国产品的信誉都会产生连锁性的恶劣影响。

《中华人民共和国食品安全法》的颁布，以"保障公众身体健康和生命安全"为立法的首要目的，说明国家重视食品安全，有着深远的意义。

第九章

燕窝的食品安全

燕窝中的亚硝酸盐

近年来，燕窝的产销量逐步攀升，但2011年浙江工商检验部门曝光"血燕亚硝酸盐含量超标事件"的发生，引起消费者与各级机构对燕窝的质量情况的广泛关注，尤其关注燕窝中可能成为致癌物质的亚硝酸盐的来源及其含量情况。

亚硝酸盐急性中毒会导致高铁血红蛋白血症，慢性中毒则有致畸和致癌风险。对于亚硝酸盐，百姓谈虎色变。其实亚硝酸盐并非只有坏处，微量的亚硝酸盐有助人体健康。近年，研究表明，许多心血管疾病是由于体内一氧化氮（Nitric Oxide，简称"NO"）不足引起的。当前的病理学和实验研究表明，富含亚硝酸盐和硝酸盐的食物具有补充血液和组织亚硝酸盐的作用。在缺氧或酸性环境下，亚硝酸盐可以通过酶或非酶途径被还原为NO，弥补体内一氧化氮合成酶（NO Synthase，简称"NOS"）利用L-氨酸途径产生NO的不足，从而发挥降血压、抗动脉硬化和缺血细胞保护作用。亚硝酸盐存在致癌风险，同时又具有预防心血管病的作用，这使对亚硝酸盐的毒理学评价出现了前所未有的困惑。亚硝酸盐在自然界中广泛存在，但人们经过食品、饮水、医药、工业环境接触到的通常只是少量的亚硝酸盐。这里我们谈谈亚硝酸盐对人体健康的利与弊。

亚硝酸盐与人类健康的关系

据德国和奥地利的一些有关烹调的著作记载，硝石（硝酸盐）用作食品添加剂已有约1 700年的历史。19世纪，人们认识到硝酸盐在硝酸盐还原菌作用下转化的亚硝酸盐才是保持食品风味和颜色的活性剂，从此亚硝酸盐就开始作为食品防腐剂被使用。20世纪早期，美国政府首次允许用亚硝酸盐作为肉类加工添加剂。至此，亚硝酸盐成为食品的一部分。1950年，科学家首次提出二甲基亚硝胺（N-nitrosodimethylamine）可引起肝癌，随后发现亚硝酸盐可以与各种胺类反应形成小分子量的亚硝胺（N-nitrosamines），从此掀起了亚硝胺和癌关系研究的高潮。

20 世纪 60 年代后期至 70 年代早期，食品工业应用亚硝酸盐作为添加剂出现了分水岭，因为有人在腌肉内发现了致癌剂亚硝胺，并发现亚硝酸盐是形成亚硝胺的因素，此后，亚硝酸盐被认为是一种毒物，其剂量受到严格控制。20 世纪 80 年代，出现了大量有关亚硝胺致癌的报道文章，但是硝酸盐或亚硝酸盐的暴露与癌症的关系一直没有明确。2006 年，世界卫生组织辖下的国际癌症研究机构（International Agency for Research on Cancer）报告指，摄入的硝酸盐或亚硝酸盐仍有可能导致人类患上癌症。

但是也存在对硝酸盐的另一种研究。1981 年，科学家发现健康的年轻人每日低量摄取硝酸盐（低于 180 毫摩尔 / 天），但尿中排泄的硝酸盐是摄取量的 4 倍，尿中过剩的硝酸盐是内源性合成的，而不是饮食导致的。无论是高摄入或低摄入硝酸盐，体内硝酸盐的合成都在进行。此后，人们陆续发现人体也内源性产生亚硝酸盐和硝酸盐，并发现亚硝酸盐在血液和组织内有维持 NO 生理平衡的作用。由此开始了亚硝酸盐对人体生理作用的有关研究。

在正常生理情况下，体内 L- 精氨酸通过 NOS 途径合成 NO，但在内皮细胞处于功能缺陷、缺氧或酸性环境时，该途径产生 NO 受限，此时具有还原亚硝酸盐为 NO 的酶，包括黄嘌呤氧化还原酶、线粒体呼吸链复合物、还原型血红蛋白、肌红蛋白、神经球蛋白、内皮源性 eNOS 等，可以将亚硝酸盐还原为 NO。外源性的亚硝酸盐可以补充内源性亚硝酸盐，从而参与调节体内 NO 的平衡。在生理情况下，人体血浆中亚硝酸盐浓度较低，约 300 ～ 500 纳摩尔 / 升，组织亚硝酸盐浓度较高，约 0.5 ～ 20 纳摩尔 / 升。外源性给予少量亚硝酸盐对血浆亚硝酸盐浓度的影响并不明显，但能使组织亚硝酸盐的浓度增加若干倍。饮食补充亚硝酸盐使体内 NO 过量的可能性较小，静脉给予生理浓度的亚硝酸盐对人几乎没有副作用。治疗高血压、冠心病的中药，如丹参、瓜蒌、薤白、三七、乳香、赤芍、冰片、高丽参等，都含有少量的亚硝酸盐和丰富的硝酸盐。丹参亚硝酸盐含量为 0.33 微克 / 克，硝酸盐为 11 948 微克 / 克；高丽参根的亚硝酸盐含量为 0.21 微克 / 克，硝酸盐为 2 067 微克 / 克。这些中药含有硝酸盐还原酶，可以将硝酸盐不断转

化为亚硝酸盐，补充患者体内 NO 的不足。经过了上千年的临床实践，证明这些含亚硝酸盐的中药是安全的。人类对亚硝酸盐的认识，从"食品保鲜的天使"，到"致癌的恶魔"，再到"心血管功能的维护者"，可谓一波三折。随着技术手段的更新和研究的不断深入，亚硝酸盐与人类健康关系的神秘面纱正逐渐被揭开。

环境亚硝酸盐对人体健康的危害

亚硝酸盐慢性暴露与基因突变

文献报道，环境亚硝酸盐暴露可以导致生殖缺陷和发育畸形。随之，美国启动了大规模流行病学和实验研究项目，没有发现亚硝酸盐诱导生殖缺陷或发育畸形的确切证据。1987 年，科学家以 BSC-1 和 HeLa 细胞为模型，用亚硝酸盐诱导 DNA 损伤，发现亚硝酸盐浓度分别低于 265 毫克 / 升和 530 毫克 / 升时，细胞 DNA 未有明显损伤。1988 年，科学家以每日 60 毫克 / 千克的剂量给大鼠饲喂亚硝酸盐，连续 3 天，未发现生殖细胞 DNA 损伤和精子畸形。有实验证实，从亚硝酸盐致基因突变角度来看，环境暴露的亚硝酸盐导致生殖缺陷或发育畸形的可能性几乎不存在。亚硝酸盐剂量在 150 毫克 / 升以下时，不会造成 SD 大鼠睾丸支持细胞 DNA 损伤。浓度为 0 ~ 100 摩尔 / 升的亚硝酸盐在中性 pH 值条件下，对胃上皮细胞 DNA 无明显损伤作用，只有当 pH 值降为 4.2 时，50 摩尔 / 升以上亚硝酸盐才可引起 DNA 损伤。

亚硝酸盐慢性暴露与致癌风险

2007 年，世界癌症研究基金会和美国癌症研究协会联合发表了一个病例对照研究报告，指出人们每天摄入 50 克腌肉，发生大肠癌的相对危险度是 1.21％。瑞典科学家研究报告指出，人们每天摄入 30 克腌肉，发生大肠癌的相对危险度是 1.00％。对于这个结果，根据 1994 年美国国家癌症研究院发布的报告，相对危险度低于 1.0％，不增加癌症发生风险，低于 2.0％的相对危险度不应该向公众推荐。也有研究指出，食用腌肉与大肠癌发生无关系。许多研究也未证实食品来源的硝酸盐、亚硝酸盐、N- 亚硝基化合物与胃、脑、鼻咽、食管等癌症的发生有关。1995 年，科学家调查了接触高浓度硝酸盐的化肥厂工人，也没有发现胃癌患病率增加。到目前为止，也未发现通过饮水摄入的亚硝酸盐导致癌症发生的确切依据。

　　一些流行病学研究认为，通过饮食摄入亚硝酸盐与一些癌症发生有关。但这些研究不是资料不足，就是没有后续的实验（动物试验、机制研究、代谢过程、临床干预等）支持，仅靠推断，难以断定环境亚硝酸盐暴露与癌症发生的因果关系。亚硝酸盐的致癌风险被认为与亚硝胺体内形成有关。亚硝酸盐内源性形成亚硝胺主要有 2 种机制：一是二级胺与亚硝酸盐的直接化学反应，这种反应是 pH 依赖性的，pH 值每降低 1 个单位，亚硝胺生成增加 5 ～ 10 倍；二是细菌亚硝胺合成酶催化反应，该反应在中性 pH 值时生成亚硝胺最多。维生素 C、酚类化合物、硫磺类化合物可以抑制亚硝胺的合成，500 毫克维生素 C 可以使人胃内亚硝胺生成减少 99％。健康人的胃内几乎没有亚硝胺合成菌，而平衡膳食几乎阻断了亚硝胺的直接形成。另外，胃内的酸性环境可以很快将亚硝酸盐还原为 NO 释放出去。因此，担心通过饮食摄入的亚硝酸盐内源性形成大量亚硝胺是缺乏依据的。尽管目前有关亚硝酸盐致癌的证据微弱，但潜在的致癌风险也不应被忽视。正常情况下，细胞 DNA 受到损伤后，面临两种选择：一种是启动 DNA 修复机制，将损伤的基因修复，使细胞恢复正常；另一种是当基因修复失败时，启动细胞凋亡程序，使基因严重损伤的细胞走向凋亡，从而避免突变细胞存活。如果细胞 DNA 严重受损后不能启动凋亡程序或凋亡程序受阻，细胞有可能累积突变的基因，最终导致细胞癌变。很早以前，人们就认识到许多化学物质存在毒物兴奋效应（Hormesis），即低剂量和高剂量作用效应相反的现象。这是生物体长期进化过程中形成的一种维持自身平衡的能力。这种能力使生物体接触某种低剂量毒物后，通过自身稳态调整，获得对该毒物或其他毒物大剂量冲击耐受的适应性。这种适应性往往阻断正常的细胞凋亡途径，使得某些基因严重损害的细胞不能凋亡，从而存活下来，并将有缺陷的基因遗传给子代细胞，这就大大增加了细胞恶性转化的风险。环境中的有害物质往往混合存在，因此评价环境致癌因素时应考虑细胞适

应性变化。用致癌物加亚硝酸盐制作动物癌症模型已历经多年，但亚硝酸盐的用量高出环境可能暴露量的几百倍。由毒物兴奋效应理论可知，用高剂量亚硝酸盐致癌的结果外推低剂量时的致癌作用，往往高估环境亚硝酸盐的致癌风险。要正确评价环境亚硝酸盐暴露的致癌风险，还应该在人群可能接触的亚硝酸盐低浓度生物效应范围内进行。实验表明，低浓度亚硝酸盐预适应可以阻断许多基因损伤因子，如紫外线、重金属所致的细胞凋亡。此外，肿瘤微环境是一个缺氧酸性的环境，亚硝酸盐在这种环境中很容易被还原为作为信号分子的NO，发挥诱导血管新生、扩张血管、增加血流量、阻断细胞凋亡等肿瘤细胞保护作用。因此，在对亚硝酸盐代谢、生理功能没有完全研究清楚之前，还不能排除其致癌风险。

亚硝酸盐对人体健康的保护

抗菌作用

人们很早就认识到，亚硝酸盐通过抗菌功能，发挥食品保鲜作用。近年，人们认识到摄入人体的硝酸盐有25％被重新分泌到口腔，然后被含有硝酸盐还原酶的口腔共生菌还原为亚硝酸盐。保持口腔一定水平的亚硝酸盐，可以抑制许多口腔有害细菌生长。同时，咽下的亚硝酸盐在胃内酸性环境中可转化为硝酸、NO和其他氮氧化合物。NO除了能增加胃肠道黏膜血液供应外，还能抑制许多胃肠道有害菌，如大肠埃希菌（Escherichia coli 0157：H7）、沙门菌（Salmonella）和幽门螺杆菌（Helicobacter pylori）的生长。通过汗腺分泌，皮肤表面也存在一定水平的亚硝酸盐，对皮肤表面有害菌产生抑制作用。通常人们认为，只有某些植物、细菌可以将硝酸盐还原为亚硝酸盐，最近这个概念被一个实验动摇了。研究人员给不含任何细菌的小鼠饲喂含硝酸盐的饮食，发现小鼠血液内的亚硝酸盐含量明显升高，进一步发现小鼠的黄嘌呤氧化酶活力升高，因而推测该酶有还原硝酸盐为亚硝酸盐的功能。这些发现提示，外源性补充一定量的硝酸盐，在人体内可以转化为亚硝酸盐，从而发挥抗菌作用。

亚硝酸盐对心血管系统的保护作用

地中海地区饮食中硝酸盐和亚硝酸盐的含量比西方国家高出 20 倍，心血管发病率和平均死亡率却很低，这提示饮食来源的亚硝酸盐对健康可能有益。日本冲绳地区是世界上著名的长寿老人聚集区，心血管病发病率很低，那里老人平均寿命超过 80 岁。

调查发现，冲绳地区传统的食品是鱼、绿叶蔬菜和海藻，其中海藻和绿叶蔬菜含有较高的硝酸盐和亚硝酸盐。该研究中，25 个健康志愿者进食这些蔬菜 10 天，每日硝酸盐摄入量为 18.8 毫克／千克；对照组饮食严格控制在世界卫生组织规定的从食物来源的硝酸盐可接受的每日摄入量（Acceptable Daily Intake，简称 ADI）3.7 毫克／千克以内。实验组日摄入硝酸盐量是对照组的 5 倍。结果发现，实验组血浆硝酸盐和亚硝酸盐含量分别为（153.9±149）微摩尔／升和（203.5±102.3）微摩尔／升，对照组为（43.2±17.4）微摩尔／升和（131.5±75.34）微摩尔／升，两组都没有发现副作用。实验组的平均舒张压比对照组下降 4.5 毫米汞柱，收缩压没有受到影响。健康人额外补充一定剂量的亚硝酸盐，不但没有副作用，而且对心肌缺血再灌注有细胞保护作用。健康志愿者口服少量亚硝酸盐可以提高内源性 NO 水平，生理浓度 NO 有细胞保护作用，可以起到预防上肢缺血再灌注内皮损伤、防止血小板凝集的作用。有动物实验证实，给 eNOS 基因缺陷的大鼠喂普通饲料，血浆和心肌组织中的亚硝酸盐、硝酸盐、亚硝基化的蛋白质（NO 与蛋白质反应产物）含量明显下降；如果换成不含亚硝酸盐的饲料，上述 3 种物质下降更加明显；此时再饮用含 50 毫克／升亚硝酸钠的水 7 天，可以使血浆和组织亚硝酸盐恢复到正常水平；大鼠饲喂普通饲料，再饮用含 50 毫克／升亚硝酸钠的水 7 天，当心肌缺血 45 分钟再灌注 24 小时，它们心肌梗死体积明显比空白对照组减小；所有大鼠在心肌缺血前饮用含 50 毫克／升亚硝酸盐的水 7 天，其血压和心率都未发生改变，心肌梗死体积明显减小。

有研究者认为，应该对 21 世纪食物来源的亚硝酸盐和硝酸盐重新评价，并认为避免进食亚硝酸盐和硝酸盐丰富的食物可能是错误的，内源性形成的亚硝胺致癌也许是无根据的，过分限制摄入硝酸盐和亚硝酸盐对心

血管系统很可能是有害的。低剂量亚硝酸盐降低血压，保护心肌缺血再灌注损伤的机制与其抑制微血管炎症，补偿内源性NO，减少C-反应蛋白产生的功能有关。心肌梗死前24小时应用亚硝酸盐，可以阻断心肌细胞线粒体呼吸链，从而引起缺血预适应，发挥细胞保护作用，诱导缺血区血管新生。临床上，亚硝酸盐预适应可以保护心、脑、肝、肾缺血再灌注损伤，治疗中风和脑血管痉挛。亚硝酸盐可以特异性地蓄积在缺血组织中，增加缺血局部血流，增进氧气向缺血组织弥散，而对健康的组织几乎不起作用。寻找亚硝酸盐的安全剂量，将亚硝酸盐开发为NO供体，维护心血管健康，既经济又可避免其他NO供体药物的毒副作用。

综上所述，目前，心血管疾病发病率和死亡率在所有疾病中仍排在第1位。环境亚硝酸盐对人体具有杀菌、扩张血管、降血压、抑制血小板凝集、维护心血管系统平衡的作用。特别是对NOS功能缺陷、体内NO不足的人群，利用低剂量亚硝酸盐抵抗高血压、动脉硬化、预防缺血再灌注损伤，发挥细胞保护作用，显然是益处大于其带来的致癌风险。

人体大部分亚硝酸盐来自水果和蔬菜，这些食品不但含有硝酸盐和亚硝酸盐，也含有大量维生素等营养物质。食品来源的亚硝酸盐对人体血液和组织亚硝酸盐水平及NO形成的影响都在生理范围之内，超过一定量就会从尿中排出。亚硝酸盐作为单一化合物，并未在动物试验中发现其有致癌作用，硝酸盐本身不可能与胺反应生成亚硝胺；来自水、蔬菜、肉制品等的微量亚硝酸盐进入人体的同时，往往伴随着维生素C和其他抗氧化剂的摄入，在胃内综合作用后很难形成较多的亚硝胺，且没有实验证明微量亚硝胺可以致癌。尽管理论上如此，但是在评价亚硝酸盐保护作用的同时，也应该考虑其癌风险，尤其要注意孕期宫内暴露与子代成年后患癌症风险和亚硝酸盐诱导的细胞凋亡耐受与癌症的易感性研究。对环境亚硝酸盐的管理应建立在对人体所有氮氧化产物（不限于硝酸盐和亚硝酸盐）代谢深入研究的基础上。在没有确切实验依据前，不应该毫无根据地禁止亚硝酸盐摄入。合理的膳食是要确保体内各种生理指标平衡，过度限制脂肪摄入导致脂肪肝和糖尿病的高发的情况曾有报道，过分限制亚硝酸盐摄入也可能会对健康造成危害。考虑到亚硝酸盐在特定条件下（胃酸过高或过低）

溯源燕窝的亚硝酸盐含量有严格的规定，不超过 30mg/kg

存在致癌风险，在制定饮食中亚硝酸盐摄入标准时，应从一般人群中区分出易感人群，从易感人群中区分出对特定的环境暴露的危险度增加的个体，从而在疾病预防中重点保护易感人群或个体，降低全民预防的干预费用和实施难度。因此，环境亚硝酸盐标准应区分不同人群，分别制定。综合上述，亚硝酸盐作为人体内源性信号分子调控基因表达，不仅是诊断某些疾病的标志物，而且是治疗心血管疾病的潜在药物。亚硝酸盐具有维持人体NO 平衡、促进心血管健康的作用。然而，环境亚硝酸盐也存在健康危害和致癌风险。

最后，有几点可以明确的观点是：

1. 亚硝酸盐是国家允许使用的食品添加剂，在限量内使用它是安全的，也是必需的。它可防止肉毒梭状芽孢杆菌的产生，提高食用肉制品的安全性。由于它对肉类制品的独特作用，到目前为止，人类还离不开它。在肉类中易生长的肉毒梭状芽孢杆菌（肉毒素）具有致命毒性，而亚硝酸盐是它的克星。亚硝酸盐不仅存在于加工食品中，也广泛存在于自然界中。蔬菜特别是绿叶菜中的硝酸盐含量很高，每千克绿叶菜中含有硝酸盐1 000 ～ 3 000 毫克；而肉制品中作为添加剂的硝酸盐或亚硝酸盐，其每千克的残留量（以亚硝酸盐计算）低于 30 毫克。

2. 硝酸盐进入血液之后会导致血红蛋白变性，让其失去输送氧气的能力，大量摄入会引发急性中毒。但亚硝酸盐本身并不致癌，只有在某些条件下与氨基酸结合成为亚硝胺之后才会致癌。日常膳食中，绝大部分亚硝酸盐会随尿液排出体外，膳食中的维生素 C 可以阻止亚硝胺的形成。如果

长期食用亚硝酸盐含量高的食品，或直接摄入含有亚硝胺的食品，可诱发癌症。

3. 在日常生活中，除少食用含亚硝酸盐的食品之外，也要防止从蔬菜中摄入过多的硝酸盐。应减少蔬菜尤其是绿叶蔬菜的保存时间，将需保存的蔬菜，洗净包好放到冰箱里，以减少携带的细菌，降低亚硝酸盐的生成。少量的亚硝酸盐不会在体内蓄积。亚硝酸盐本身并无致癌效应，它被吸收入血液之后，浓度半衰期只有 1～5 分钟，被转化为 NO，起到扩张血管的作用，对降低血压和预防心脏病有好处。而亚硝酸盐本身因为已经分解，谈不上"蓄积中毒"的问题。

4. 天然燕窝中含有亚硝酸盐，其含量多少与多种因素相关，包括燕子唾液中天然存在亚硝酸盐、燕屋或洞穴环境中的氨浓度、鸟粪污染燕窝等。由于亚硝酸盐易溶于水，采用浸泡或清洗等方式，可以明显降低燕窝中的亚硝酸盐含量，使食用燕窝中亚硝酸盐含量仅为微量。亚硝酸盐也是国内外普遍允许使用的食品添加剂，用作西式火腿、肉罐头等食品的护色剂、防腐剂。《食品安全国家标准食品添加剂使用标准》（GB2760—2014）规定，亚硝酸钠（钾）在食品中的残留量均不能超过为 30 毫克／千克，超出以上的适用范围和添加量即为违法添加。

5. 鉴于国际食品法典委员会未规定食用燕窝亚硝酸盐限量，为了严格规范食用燕窝中亚硝酸盐的含量，我国卫生部在中马两国专家联合风险评估的基础上，及时制定了食用燕窝中亚硝酸盐临时管理限量。生产经营和进口食用燕窝，其亚硝酸盐应当小于等于 30 毫克／千克。对使用燕窝加工燕窝制品的，生产经营企业应当使用符合以上规定的食用燕窝原料，成品中亚硝酸盐的含量按照燕窝制品中食用燕窝的比例进行折算。对于符合食品安全标准的燕窝，人们可以放心食用。

第十章

燕窝杂谈

燕窝筵席

国宴国礼

传统中医药学告诉我们："冬令进补、春天打虎。"这是一种形象的说法，意思是在冬天通过调补，能使"精气"储存于体内，到了来年春天就不容易得病。而冬令进补，当以滋润为主；润燥之品，又以燕窝为首。在东南亚，燕窝还作为国礼馈赠给尊贵的客人。

2013年10月4日晚上，马来西亚国家元首端古·阿尔哈吉·阿卜杜勒·哈利姆·穆阿扎姆·沙阿（Sultan Tuanku Alhaj ABDUL HALIM MU'ADZAM SHAH）在国家王宫设国宴款待中华人民共和国主席习近平和夫人彭丽媛，第一道佳肴就是燕窝。现场的嘉宾，包括来自中国的客人一同品尝了马来西亚顶级燕窝的美味。马来西亚相关人士介绍说，元首对燕窝行业极为重视。燕窝除了被纳入国宴菜单，更作为国礼，馈赠给来自中国的客人。

2015年11月6日，习近平主席抵达新加坡，并对其展开国事访问。新加坡总统陈庆炎特地设下国宴，款待习近平主席。新加坡的国宴菜单除了特色美食香辣蟹、肉骨茶外，甜点焗燕窝蛋清蛋挞尤其引人注目。立冬来临，食用燕窝进补，是润燥首选。

国宴国礼背后的故事

2016年10月，笔者赴马来西亚参加2016年第三届燕窝国际研讨会。在会议期间，马来西亚燕窝商联合会的前会长、拿督巴杜卡马兴松局绅特意从云顶高原驱车1个多小时前来相见。他谈及马来西亚元首选用燕窝作为国宴、国礼款待中国国家主席习近平之事，我兴奋不已，特意请他详细讲述策划国宴、国礼背后的故事。

据马兴松忆诉，2013年9月初，

国宴燕窝

他赴吉打州王宫觐见国家元首哈利姆，元首很关心燕窝业的进展，并打算在皇宫设国宴，以燕窝款待来访的中华人民共和国主席习近平，还准备将燕窝作为国礼，赠予中国的客人。

"我听后觉得这是非常难得的机会，如果能够办得到，对燕窝业来说将会是大好消息！自从血燕风波后中国人已经对吃燕窝存有阴影，如果我们是以这种方式来处理，那他们将会对马来西亚燕窝重建信心。"马兴松说。

马来西亚皇宫是首次以燕窝入国宴，并无经验，马兴松答应哈利姆此事由天马燕窝有限公司承办。

马兴松强调，"这是个可遇不可求的机遇，证明元首对子民非常关心，在燕窝业风雨飘摇的时候，元首陛下竟主动询问进展，真的是非常感恩。"他补充，"国宴在中国引起回响，中国人民开始对马来西亚燕窝重建信心，而燕窝作为国宴首道佳肴，同时也成为国礼是前所未有之事，这在两国邦交的历史中写下了新的里程碑。"

【背景】

2013年10月4日晚，马来西亚国家元首哈利姆在国家王宫设国宴招待习近平和夫人彭丽媛，上桌的第一道国宴佳肴就是来自天马燕窝有限公司的燕窝。在国宴上，马来西亚国家元首向习近平主席介绍马来西亚燕窝。元首后端姑哈米娜以燕窝产品作为赠送给习近平夫妇的礼品。

2013年12月25日，国家质检总局公布了恢复对马来西亚燕窝进口的消息。

2014年1月1日，马来西亚农业及农基工业部部长依斯迈沙比里宣布，该国的燕窝将从1月起恢复出口到中国。业内人士称这是中国送给马来西亚最大的圣诞礼物。至此，由"血燕"事件引起的长达两年半的燕窝风波终于告一段落。

在伦敦品尝燕窝下午茶

有人说英式下午茶不仅象征着皇室的高贵和英式的优雅，更是一种生活方式。

水果燕窝下午茶

豪恩斯洛（Hounslow）地处伦敦西南部。近几个世纪以来，伦敦西南区渐渐变得繁华起来。据报道，2013年至2014年期间，有35％的居民从传统热门区域肯辛顿（Kensington）和切尔西（Chelsea）移居到伦敦西南部的6个区，其中就包括豪恩斯洛区。

燕窝下午茶安排在位于豪恩斯洛 Myrtle 路一栋房子的后花园。

英国人口味清淡，喜食鲜嫩、焦香的食物，吃的东西少而精，不爱吃带黏汁和辣味的菜。因此，以新鲜水果的花式燕窝大受欢迎。水果类花式燕窝，即现炖燕窝加上新鲜水果，比如木瓜、草莓、蓝莓、苹果、橙等。不少水果含蛋白水解酶，与燕窝同炖易化水。因此，新鲜的水果加上炖好的燕窝，既能保留燕窝和水果的营养成分，它们的美味又不丧失。何乐而不为？

燕窝味甘性平，归肺、胃、肾三经，滋阴润燥、补肺养阴、补虚养胃、入肾滋水。燕窝富含唾液酸对人体有多种好处。

水果木瓜其实是番木瓜，甘、平，入脾、胃经，有健胃消食之效，适用于消化不良、胃脘疼痛等。番木瓜含番木瓜碱、木瓜蛋白酶等。木瓜蛋白酶是独特的蛋白分解酶，可以清除因肉食而积聚在下身的脂肪，而且木瓜肉所含的果胶更是优良的洗肠剂，可减少废物在身体里积聚。常食番木瓜或番木瓜粥，可有效地降脂减肥，防治肥胖症。

草莓营养丰富，含有果糖、蔗糖、柠檬酸、苹果酸、水杨酸、氨基酸以及钙、磷、铁等矿物质。草莓还含有多种维生素，维生素C含量尤其丰富；所含的胡萝卜素是合成维生素A的重要物质，具有明目养肝作用；而果胶和丰富的膳食纤维，可以帮助消化、通畅大便。

蓝莓所含花青苷可加速视紫素的再生，有益于保护眼部健康。蓝莓具有抗压力、抗氧化、抗炎和保护人体心脑血管的作用。对癌症、糖尿病、高血脂、高血压、神经退化、肥胖、骨质疏松等老化有关的慢性病有益处。

在英国，传统的冰糖燕窝受欢迎程度超出预期。鲜炖水果燕窝以水果鲜美，加上现炖燕窝清柔，可谓色、香、味、韵俱全。但建议少用糖，推荐罗汉果燕窝取代冰糖燕窝，既不影响燕窝清补的本性，又避免甜味太重，同时有助身体健康。

金丝燕与燕窝的故事

金丝燕：鸟类建筑师

古代诗人常以归鸟返巢比喻久客思归的心情，如"鸟宿池边树""倦鸟思归林"等。鸟归巢，犹如游子归家，"巢"象征着家庭温暖和休养生息的场所。

鸟类天生会筑巢，技术却千差万别。在 9 000 余种鸟类中，家燕、金丝燕、柳莺、犀鸟、园丁鸟、织布鸟、维达雀、扇尾莺、缝叶莺、戴菊鸟等因筑巢技巧精湛无比，被誉为"十大鸟类建筑师"。

遥看天空，燕子南归。家燕因喜欢在房前屋后做窝，故名。古诗中"旧时王谢堂前燕，飞入寻常百姓家"以燕栖旧巢唤起人们想象，含而不露。这里说的就是家燕。

家燕系雀形目，燕科，燕属中著名的候鸟，该属有 20 种。家燕（Hirundo rustica）喙短而宽扁，基部宽大，呈倒三角形，上喙近前端有一缺刻；口裂极深，嘴须不发达。翅狭长而尖，尾呈叉状，形成"燕尾"，脚短而细弱，趾三前一后。体态轻捷伶俐，两翅狭长，飞行时像镰刀。

金丝燕：专造昂贵的"豪宅"

金丝燕其貌普通，但它们的巢是高档滋补品，历来有"稀世名药""东方珍品"之美称，是价值连城的"豪宅"！

产燕窝的金丝燕为雨燕目、雨燕科中的金丝燕属和侏金丝燕属。金丝燕的跗跖全裸或几乎完全裸出，尾羽的羽干不裸出。身体比家燕小，体重也较轻。雌雄相似。喙细弱，向下弯曲；翅膀尖长；脚短而细弱，4 趾都朝向前方，不适于行步和握枝，只有助于抓附岩石的垂直面。羽色上体呈褐至黑色，带金丝光泽，下体灰白或纯白。有依靠回声定位的能力，能在

全黑的洞穴中任意疾飞。

金丝燕在繁殖期，成鸟的唾液系统将膨胀扩大，并分泌出大量的唾液来造窝，供孵卵与养育下一代小燕子。富黏性的唾液，把筑巢的材料（如藻类、苔藓、水草等）黏结在一起。灰腰金丝燕、爪哇金丝燕等用以造巢的唾液一经风吹就凝固起来，形成半透明的胶质物，即名贵的滋补食品——燕窝。

金丝燕每次产卵2枚，一年三次

金丝燕燕巢呈半月形，形状像人的耳朵，直径6～7厘米，基底厚，廓壁薄，湿重约10～15克。燕巢外围整齐，内部粗糙，如丝瓜络。整个燕窝洁白晶莹，富有弹性，附着于岩石峭壁的地方。

成年金丝燕每年大多产卵三次，每年4月、8月、12月是金丝燕的产卵高峰期，每次产2枚白色的卵，卵长约2厘米、宽约1.2厘米，重约3.5克。每次产卵前约30天成鸟开始筑巢，孵化出小金丝燕后，雌雄金丝燕会一起哺育，约40天后小金丝燕即能自行飞翔觅食和另行寻找栖息点，不再使用此巢，其遗弃的窝巢能做滋补品供人类享用。

金丝燕的故事

金丝燕大部分时间都在飞行。向后倾斜的窄翼使它们能在飞行中捕捉成群的昆虫，如飞蟪蛄，有时也捕食蜜蜂和黄蜂。有些金丝燕长途迁徙穿越大陆和海洋到南半球过冬。

金丝燕主要为黑色，短腿，长有粗爪。金丝燕在深洞中筑巢栖息，洞里一点光线也没有。它们是少数几种可以通过回声来定位飞行的鸟。

蛰伏

在大雨或暴风雨来临时，因为捕不到食物，金丝燕休息时会蛰伏，以便保存能量，降低新陈代谢速度和体温。

唾液筑巢

金丝燕的唾液腺在繁殖期会扩大。它们将唾液腺分泌物黏在一起筑巢，然后把巢黏在岩洞的垂直壁上。其巢完全由唾液黏筑而成，在亚洲被奉为上等滋补品。

空中生存

有如此小巧的身体和独特的翅膀形状，金丝燕在空中极易被识别。它们大部分时间在空中飞行，只在晚上栖息。能一边在雨中飞行一边喝水。它们甚至可以在空中交配，雌鸟向下滑翔，将翅膀做出"V"形，雄鸟追逐雌鸟，轻轻落在雌鸟背上，向下滑翔时交配。

食物

飞行中的蝇、虻、蚊子、蛾等昆虫。

飞行冠军

大概迄今为止没有一种鸟的飞行能力超过金丝燕等雨燕科鸟类，其时速达200千米，能一边飞行一边捕食，有的甚至能边飞行边睡觉。它们的飞翔高度极高，据说飞机驾驶员曾在数千米的高空上看到过燕子。

睡觉

通常金丝燕全天时间中都在飞行。偶尔休息时，便用爪钩在崖或壁上。筑巢仅为了孵卵和哺育雏鸟使用，用完即弃，成鸟不居住在鸟巢里。

大洲岛燕窝

大洲岛，古称"独州"，也称"燕窝岛"。"独州"意指地位独特，景观独特，物产独特。大洲岛在万宁市东南海面约3海里处，由南北两座山头和一条沙滩构成，方圆4.8平方千米，是海南省沿海最大的岛屿，国家级海洋型自然保护区。大洲岛有南罗、大架、暗岩三座燕洞。每年春天，燕鸟就在洞顶的岩石夹缝深处吐丝筑巢做窝，燕洞里太阳照不到，雨泼不进，漆黑一片。每年清明节前后，趁着风平浪静，当地渔民便拖着特大的竹竿，备好梯木，游进洞去。人们利用岩洞外宽内狭的形势，架起云梯，爬上洞顶把燕窝钩摘出来。中山大学鸟类学家周宁垣教授称，海

大洲岛

南岛亦有产燕窝之金丝燕，并于早年采得标本。20 世纪 80 年代初，我国鸟类专家冼耀华前往大洲岛采集燕窝标本，确认群居大洲岛的是金丝燕。

这种燕鸟经鉴定为淡腰金丝燕，又名"戈氏金丝燕"。到目前为止，我国其他各地从无发现。这说明群居大洲岛的戈氏金丝燕是我国雨燕科唯一无双的珍稀燕类。

1982 年夏天冼耀华在大洲岛上，承当地渔民协助，采到一种金丝燕标本。冼耀华对其进行描述：两性相似。上体黑褐色，翅、尾及头顶稍暗，背部羽毛隐具灰白色，腰羽浅灰褐色，形成一道淡色腰斑。下体灰褐色。喙细弱，向下弯曲；附跖裸露。虹膜暗褐；喙黑色；附跖紫红（剥制后成乌褐色）。

1982 年 6 月 3 日，冼耀华采到一个燕窝标本，窝呈新月形，浅黄白色，半透明，质地稍硬，大小为 75 毫米×25 毫米，窝深约 7 毫米，重 13 克。

1982 年，冼耀华三次入洞：第一次采窝时，在洞中见不到金丝燕；第二次采窝时，能见到金丝燕，但窝内没有鸟卵；第三次采窝时能见到成鸟、鸟卵甚至雏鸟。

大洲岛的金丝燕，20 世纪 80 年代最大群体还有 200 多只燕子。由于掠夺性采窝，繁殖受到严重影响，现在几乎看不到了。

怀集燕窝

广东省怀集县桥头镇的燕岩，是典型的喀斯特溶洞，每年春分过后，便有燕子从南海海岛、崖穴远飞而来，结窝于崖穴，繁衍后代。

怀集石燕标本经中山大学周宁垣教授鉴定为小白腰雨燕华南亚种（Apus affinis subfurcatus）。全盛时期的燕群，可能超过十万只。

小白腰雨燕（Apus nipalensis）是雨燕科、雨燕属的鸟类（与金丝燕属亲缘关系最近），别名"小雨燕""台燕""家雨燕"。全长约 150 毫米。喉及腰白色，尾为凹型非叉型。与白腰雨燕的区别在于，小白腰雨燕体型较大，色彩较深，喉及腰更白，尾部几乎为平切。成群活动，在开阔地的上空捕食，飞行平稳。营巢于屋檐下、悬崖或洞穴口。分布于非洲、中东、印度、喜马拉雅山脉、中国南部、日本、东南亚、菲律宾、苏拉威西及大巽他群岛。

怀集燕窝为直径 8 ～ 10 厘米的浅巢，用木麻黄叶、竹叶及一些黄色的胶状小片黏结而成。除去树叶后，便是药用的燕窝。每巢所得不过 1 ～ 2 克。

怀集燕窝的表皮生长因子（EGF）含量较东南亚产的金丝燕燕窝为高。假设两种燕窝对小鼠肝细胞 EGF 受体的亲和力相等，按原始数据显示怀集燕窝总水抽提物中，每毫克蛋白质约含 EGF 8 纳克。这比东南亚产的金丝燕燕窝总水抽提物的 EGF 含量（2 ～ 3 纳克／毫克）要高 2 ～ 3 倍。

怀集燕窝的总水抽提物未经 S-200 柱纯化前，对刀豆球蛋白 A（ConA）转化的淋巴细胞有毒害作用。怀集燕窝的总水抽提物在 S-200 柱上滞留的其他各峰不仅没有辅促细胞分裂作用，而且当各组分所用之蛋白含量远较（S-200 I+II）之有效剂量为低时，亦显示其破坏细胞，导致死亡的毒性。这一点是怀集燕窝与东南亚产的金丝燕燕窝的基本区别。东南亚产的燕窝提取物的总水抽提物不必经 S-200 柱纯化，即可显出辅促细胞分裂的作用。

怀集燕窝的总水抽提物经 Bio-Gel P-10 柱层析分离后，在柱上滞留的 EG-2 峰对淋巴细胞没有辅促细胞分裂作用（剂量以蛋白质计，为 50 微克／毫升）。同样，东南亚产的金丝燕燕窝的 EGF 经 HPLC 纯化后，也不对 ConA 转化的淋巴细胞起辅促细胞分裂作用。可见，怀集燕窝的辅促细胞分裂作用与 EGF 无关。

延伸阅读

研究结果表明，EGF 在人的腮腺唾液、全唾液和颌下腺加舌下腺混合唾液中的平均浓度分别为 2 704 皮克／毫升、564 皮克／毫升和 357 皮克／毫升，腮腺唾液中 EGF 浓度比全唾液中 EGF 高出 3 倍，而全唾液中 EGF 又比颌下腺加舌下腺混合唾液中 EGF 高出 2 倍。（注：1 纳克＝1000 皮克）

燕窝的总水抽提物在低浓度范围内对淋巴细胞的分裂没有影响。燕窝总水抽提物经 S-200 柱层析后，大部分蛋白质不被滞留而随柱的外水体积（Vo）被洗脱。析离的蛋白质组分，即（S-200 I + II）本身对淋巴细胞有辅促细胞分裂作用。

历代名人与燕窝

食用燕窝第一人——袁枚

　　袁枚（1716—1797），字子才，号简斋，钱塘（今浙江杭州）人。晚年自号仓山居士、随园主人、随园老人，是清代诗人、散文家、文学评论家、美食家。此人读书了得，乾隆四年（1739年）考取了进士，授翰林院庶吉士。

　　若要说到挚爱燕窝者，自古袁枚当属第一人。在他晚年记述所爱美馔的《随园食单》中，多次畅谈燕窝，足见其对燕窝的偏爱。

　　《随园食单》开篇伊始，便列出诸多食料的"洗涮须知"，而其中又以燕窝的洗刷方法为首："洗刷之法，燕窝去毛，海参去泥，鱼翅去沙，鹿筋去臊。"

袁枚

　　书中，有袁枚偏好的燕窝烹制全过程，用料、火候、工艺等细节一应俱全："燕窝贵物，原不轻用。如用之，每碗必须二两，先用天泉滚水泡之，将银针挑去黑丝。用嫩鸡汤、好火腿汤、新蘑菇三样滚之，看燕窝变成玉色为度。此物至清，不可以油腻杂之；此物至文，不可以武物串之。今人用鸡丝、肉丝，非吃燕窝也。却徒务其名，往往以三前生燕窝盖碗面，如白发数茎，使可一撩不见，空剩粗物满碗。不得已则蘑菇丝、笋尖丝、鲫鱼肚、野鸡嫩片尚可用也。"

　　袁氏冬瓜燕窝制作："以柔陪柔，以清入清，重用鸡汁而已，燕窝皆作玉色，不炖白也。"

　　袁枚对燕窝描述的"此物至清，不可以油腻杂之；此物至文，不可以武物串之"的理念影响至今，而"用天泉滚水泡之"已然成为当今加工制作优质燕窝的必须程序，或以温水，或以凉水，且各类燕窝的精纯劲道一泡即知。直到现在，炮制燕窝的工艺也深受此影响。

李家父子传奇

李化楠和李调元父子除了是美食评论家，更是优秀的美食创意者、实践者。如果说袁枚大才子是动口不动手的美食家，那么李家父子就是勤于动手的美食家。

"父子一门四进士，兄弟两院三翰林。"此典故讲的是李化楠、李调元父子双双高中进士后，罗江知县杨周冕兴奋不已，决定修建奎星阁。建好后，李鼎元、李骥元兄弟二人又先后高中。

李化楠（1713—1769），字廷节，号石亭、让斋，四川罗江县人。历官知县、知州，官至保安同知。任上颇有政声，被誉为"浙江第一循良"。官顺天时，乾隆帝嘉其为强项令。工吟咏，喜藏书，邻宗祠造醒园，筑书楼。

李调元（1734—1803），字美堂，号雨村，四川罗江县人。清代"四川三大才子"之一，戏曲理论家、诗人。历任吏部考功司主事兼文选司、翰林院编修、文选司员外郎、广东副考官。

李化楠撰《醒园录》，其子李调元整理，乾隆四十七年（1782年）编刊成书。因家中有"醒园"，故取名《醒园录》。书中所收菜点以江南风味为主，也有四川的风味，还有少数北方风味及西洋品种。书中记载的菜肴制法简明，尤以山珍海味类有特色，是研究清代中叶烹饪的重要典籍。

《醒园录》共分上下两卷，内容乃记古代饮食、烹调技术等。计有烹调39种、酿造24种、糕点小吃24种、食品加工25种、饮料4种、食品保藏5种，总凡121种、149法。书中记载菜式做法非常详尽，已经超越了文人体味、感觉式的美食记述，李化楠和李调元不仅是美食评论家，更是优秀的美食创意者、实践者。

关于燕窝的做法，李氏父子对水要求甚多：用滚水一碗，投炭灰少许，候清。将清水倾起，入燕窝泡之，即霉黄亦白，撕碎洗净。次将煮熟之肉，取半精白切丝，加鸡肉丝更妙。入碗内装满，用滚肉汤淋之，倾出再淋两三次。其燕窝另放一碗，亦先淋两三遍，俟肉丝淋完，乃将燕窝逐条铺排上面，用净肉汤，去油留清，加甜酒、豆油各少许，滚滚淋下，撒以椒面吃之。对比之下，发泡、撕条、洗净的工序至今仍保留，可见其肉丝燕窝做法之有见地。

《醒园录》中记载了相当数量的江浙菜式，但多有川化的改造，比如"煮燕窝法"："用熟肉锉作极细丸料，加绿豆粉及豆油、花椒、酒、鸡蛋清做丸子，长如燕窝。将燕窝泡洗撕碎，粘贴肉丸外，包密，付滚汤烫之，随手捞起，候一齐做完烫好，用清肉汤做汁，加甜酒、豆油各少许，下锅先滚一二滚，将丸下去再一滚，即取下碗，撒以椒面、葱花、香菇，吃之甚美。"这种做法更加迎合川人好浓厚、尚辛辣的味觉需求。在燕窝里撒花椒这种做法，当今已不多见，甚至喜欢麻辣的川渝两地也极为少见。

曹庭栋的燕窝粥

曹庭栋（1700—1785），浙江嘉善人，清代琴学家、书画家、养生家。他精养生学，并身体力行，享年86岁。撰有《老老恒言》一书，为著名的老年养生专著。

曹庭栋一生著述颇丰，自成一家。养生专著有《老老恒言》（又名《养生随笔》）五卷，主张"和情志、养心神、慎起居、适寒暖"的养生之道，对节饮食、调脾胃尤加重视。

曹氏很重视饮粥养胃以期益寿的措施。他认为"粥能益人，老年尤宜"，"每日空腹，食淡粥一瓯，能推陈致新，生津快胃，所益非细。"甚至认为"有竟日食粥，不计顿，饥则食，亦能体强健，享大寿。"故他辑录的药粥方有100多帖，云可"备老年之颐养"。

他对燕窝粥有专门的论述，在《医学述》中云："养肺化痰止嗽，补而不滞，煮粥淡食有效。色白治肺，质清化痰，味淡利水，此其明验。"这里需要提醒的是，燕窝粥要持续吃、常年吃才有功效，因为其性质平和，功效慢慢渗透，并非吃一两次就能发挥明显的作用。

由上可看出，曹庭栋在综合养生的诸措施中，对食物、饮食、慎药和药粥等项，结合自己的实践经验，给予了足够的重视和提倡。

梁章钜喜爱燕窝，赞不绝口

梁章钜（1775—1849），清朝江苏布政使、广西巡抚、江苏巡抚。他是林则徐的好友，也是第一个向朝廷提出以"收香港为首务"的高官。

梁章钜做官之余，博览群书，熟于掌故，勤于考究。他在自己的笔记

小说《归田琐记》《浪迹丛谈》《退庵随笔》中，走笔杏
林、着墨本草、记载验案、阐发医理，融入不少民间验方，
为医学宝库增添了很多翔实的史料。

梁章钜是个热心细致之人，一旦有验方，试之灵验后，
立即记之，以飨后人。在梁章钜笔下，还可以读到许多治
疗跌打损伤的医案和药方。他更记录下不少简便、价廉、
高效的民间单方和食疗秘方。

至于养生箴言，梁章钜笔记中更是比比皆是。在《过
喜过乐足以伤生》中，他指出了性情养生的重要性。对老
年人的饮食保健，更是详细地作了独家阐述。

浪迹丛谈

梁章钜喜爱燕窝，赞不绝口。在《浪迹三谈》卷五中有这样的记载：
"今京师好厨忆包办酒席，惟恰外取好燕窝一两，……，不必再搀他作料，
自然名贵无比。"

朱彝尊食不精洁不入口

朱彝尊

朱彝尊（1629—1709），字锡鬯，号竹垞，
浙江秀水（今嘉兴）人。康熙年间举博学鸿词科，
授检讨，并参与纂修《明史》。通经史，能诗
词古文，诗与王士禛齐名，二人被时人称为"南
朱北王"。

朱彝尊还是一位著名的养生家。其《食宪
鸿秘》一书，便反映了他的养生思想和一些养
生食物的制作方法。

在《食宪鸿秘》中，为图"精洁"，朱彝
尊提出诸水各有各的用途。如品茶、酿酒，应该用山泉水；烹饪，宜用江
湖长流宿水；而"煮粥，必须井水，亦宿贮为佳"。

朱彝尊认为，有些新鲜的动植物，不但清洁，而且味美，还富有营养，
应当一饱口福。他在其《食宪鸿秘》中，便写有不少此类食方。在谈及螃
蟹时，他又说："壮蟹，肉剥净，拌燕窝，和芥辣用佳，糟油亦可。蟹腐

放燕窝尤妙。蟹肉豆豉亦妙。"

许多年过后，有人研究朱彝尊"食求精洁"的美食观时，依然赞词甚多。

读《燕窝考》，感受"物美价贵"的历史

关培生、江润祥合作撰写的《燕窝考》发表在香港《明报月刊》1985年3月号上。时间已过30多年，读起来依然有新意。

文章首句："冬令进补，当以滋润为主；润燥之品，又以燕窝为首。"燕窝滋补上品的形象磅礴而出。追溯唐宋时，燕窝一项未有官方记录。"李约瑟博士在其《中国科学技术史》（四卷）第三分册中亦有此说，惜未见原文。"推测"将燕窝带入中原，亦极有可能。"至明朝初年郑和七下西洋，"所经之处，均为出产燕窝之地区，该地所产燕窝至今仍有来货，未尝间断。"

在诸多笔记、游记及食经中，"明以前史书无燕窝资料，《明史》食货志亦不载燕窝……直至明朝黄衷之《海语》（一五三六）始有记载。此后，王世懋之《闽部疏》（一五八五），及张燮之《东西洋考》（一六一七）、清朝屈大均之《广东新语》（一七〇〇）、谢清高之《海录》（一七九五），均有论述。"

至历代医书、本草，17世纪前期也无燕窝之记载。"末期，始有江昂之《本草备要》（一六九四）及张璐之《本经逢原》（一六九五），收载有燕窝一项，此后有吴仪洛之《本草从新》（一七五七）、黄宫绣之《本草求真》（一七七八）及赵学敏之《本草纲目拾遗》（一八七一），均有记载。而以《拾遗》一书，记载最为详尽。"清朝名医赵学敏撰写《本草纲目拾遗》，其目的是"拾"《本草纲目》之遗。赵学敏称"燕窝味甘淡平，大养肺阴，化痰止嗽，补而能清，为调理虚损痨瘵之圣药"。《本草纲目拾遗》常被误解为明朝李时珍所著，这里需要更正。

至于食经，"直至十八世纪袁枚（一七一六至一七九七）编《随园食单》时，我国食谱才正式开始有燕窝之记录。"反映社会现实，紧扣时代的脉搏。"明代之《金瓶梅词话》及清代之《红楼梦》，始记载民间以燕窝作为席上珍品。"

"明朝万历十七年（一五八七），白燕窝进口，每百斤应缴税银一两，中下等燕窝则分别每百斤抽税七钱及二钱。至万历四十三年（一六一八）

白燕窝每百斤税银由一两减为八钱六分四厘。中下等燕窝则分别每百斤税银减为六钱五厘及一钱七分三厘。至此,燕窝已成为闽粤人士珍贵食品。"清朝美食家袁枚在《随园食单》亦有"燕窝贵物,原不轻用"之说。

燕窝"疗效首见于清朝汪昂之《本草备要》(一六九四)及张璐之《本草逢原》(一六九五)。汪张二氏均为当时著名之临床家,其对燕窝之疗效,乃是经过长时期临床试验而确定。"拜读《本草备要》和《本草逢原》各有精彩论述,前者谓"燕窝甘淡平,大养肺阴,化痰止嗽。补而能清,为调理虚势之圣药。一切病之由于肺虚而不能肃清下行者,用此皆可治之。"后者则谓"燕窝……为食品中之最驯良者。惜乎本草不收,方书罕用。今人以之调补虚劳,咳吐红痰,每兼冰糖煮食,往往获效。惟病势初浅者为宜,若阴火方盛,血逆上奔,虽用无济,以其出柔无刚毅之力。"关培生、江润祥在《燕窝考》中对《本草纲目拾遗》推崇备至:"该书尽收明末至清代有关燕窝之资料,集大成于一篇。至此确证燕窝已由一珍贵食物转为一食疗珍品。其疗效有养阴润燥、补中益气作用。能治虚损、痨瘵、咳嗽、痰喘、咯血、吐血、久痢、久疟、噎膈反胃等症。"

关培生、江润祥两位作者认为,"能用唾液筑巢之雨燕科鸟类,全世界约有九十种。而其巢窝可供人类食用者,有金丝燕(Collocalia esculental L.)、爪哇金丝燕(C. fuciphage Thunb)、灰腰金丝燕(C. inexpectata Hume)、单色金丝燕(C. unicolor Jordan)、南海金丝燕(C. linchi affinis Bearan)。"此观点,与现代研究略有出入,爪哇金丝燕(A. fuciphagus)、淡腰金丝燕(A. germani)、单色金丝燕(印度金丝燕 A. unicolor)和爪哇金丝燕灰腰亚种(A. f. inexpectatus)在鸟类分类学上归金丝燕属而非侏金丝燕属。

关于血燕,关培生、江润祥并不认可吐血之说,"燕窝有时或呈血红色,俗称'血燕',或谓金丝燕第三次筑巢时吐血所成,恐不足信。盖燕窝颜色之深浅,与阳光之照射,或金丝燕之食物,又或其筑巢所在木料之颜色有关。"

红燕(血燕)与白燕价格今昔之比相差甚远。"今日市上,以血燕价值较为昂贵者,实乃物以罕为贵耳。数十年前均以白燕窝为上品,血燕作价较低。上溯至有清一代,血燕价格亦较白燕为低。根据清《粤海关志》(卷

九）'食物课税'一项，当年白燕窝每百斤应课税四两，而红（血）燕窝每百斤只课税二两。由此可知当年白燕窝实较血燕窝为昂贵也。"

对于洞燕和屋燕，《燕窝考》的描述为："野燕指产于南洋各地沿海峭壁、岩洞中之燕窝，其巢窝多黑色兼有杂质。至于家燕，指筑巢于民间屋檐下之燕窝，家燕之巢窝色白、质松、毛少，落水后吸水力极强，但不耐热，加热后不久即溶化。"

"其他海错如鱼肚、海参、鲍鱼及带子等亦含有大量蛋白质，但其对人体功效远不及燕窝之原因，恐由于燕窝之蛋白质独具大量生物活性之蛋白分子，对人体之滋补复壮有很大作用。"其实根本原因是燕窝含有丰富的唾液酸。

对于燕窝产业的未来，关培生、江润祥认为："燕窝业目前急需进行之措施，应促使产地政府立例规定采窝时节，以确保金丝燕之繁殖率不会下降；其次研究如何合理使用燕窝，使燕窝发挥最高食疗价值；最后则应研究如何将燕窝制成容易服用之现成补品。如此则燕窝业之前途，实未可限量也。"因此，燕窝衍生产品（包括食品、药品、保健品和化妆品）的研发、推广以及商业化，从源头燕屋做起，从 GHAP（良好农业管理规范）、HACCP（食品安全生产体系）、GMP（药品生产质量管理规范）到 GSP（经营质量管理规范），科技创新，科普与应用相结合，一定能创造燕窝产业新时代。

随着科学技术的发展，对燕窝的研究越来越深入。如此看来，燕窝贵得有理有据，物有所值！

🐦 燕窝的效用

雾霾天，燕窝养肺

雾霾是灾害性天气现象。冬季，从华北到东南沿海，甚至是西南地区，多个地区都会不同程度地出现雾霾天气。

雾霾是雾和霾的混合物，能直接进入并黏附在人体下呼吸道和肺叶中，可能会引起急性的上呼吸道、气管、支气管以及肺部疾病，还诱发哮喘发

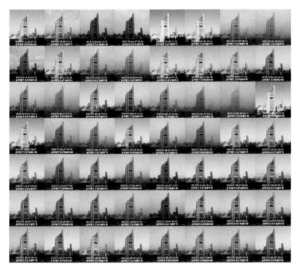

自2013年1月27日起，北京市民邹毅开启了他的《一目了然天天晨报》之旅：每天坚持在同一时间、同一地点、同一角度，用镜头对准北京电视台拍摄一张照片制成北京视觉空气日志，分享到微博和微信朋友圈。

作或加重慢性支气管炎等。小孩呼吸道、鼻、气管、支气管黏膜柔嫩，且肺泡数量较少，弹力纤维发育较差，间质发育旺盛，更易受到呼吸道病毒的感染。雾霾对幼儿、青少年的生长发育和体质均有一定的影响。如果长期处于这种环境中，还会诱发肺癌。

PM2.5颗粒附着病菌，通过人体的鼻腔、皮肤腠理（皮肤、肌肉的纹理）侵入影响呼吸系统，引发咽喉炎、流感、肺炎等疾病。中医以为雾霾属外邪，肺位于人体上焦，又为"娇脏"，尤其容易对外邪产生反应。传统中医会选择"轻清升散"之品辨证而治。

抵御雾霾，桑叶、菊花、金银花、连翘、枇杷叶、桔梗、鱼腥草等在中药中均属"轻"质，泡茶、煎煮均可，用量因人而异，能起到疏风清热、宣肺止咳的功效。山药、薏苡仁、百合、莲子、银耳、雪梨等"清润"之品，可提升肺的正气，在雾霾天对身体也是大有裨益的。

燕窝味甘性平，除了蛋白质过敏者外，几乎适合任何体质的人群食用，可谓男女老少皆宜。燕窝具有治疗呼吸系统疾病的功效，这是燕窝的经典疗效。从古至今，各种医籍无不强调燕窝对呼吸系统（古时称为"肺系"）疾病的治疗作用，如痨瘵、咳嗽、咯血、痰喘等等，也就是今天所说的肺结核、气管炎、支气管炎等病。另外，对于有吸烟等不良嗜好的人来说，燕窝是不可多得的"洗肺"佳品。

燕窝中唾液酸的神奇力量

唾液酸的来源

唾液酸（Sialic Acid，简称SA）又称为"燕窝酸"，是9碳糖神经氨酸酰化物的总称。唾液酸在自然界中的分布非常广泛，在动物、植物和微生物中都有分布。其位于细胞膜最外层的糖类部分和分泌的糖复合物（糖脂、糖蛋白和脂多糖）的关键位置，是糖复合物结构和功能多样化的重要物质基础。

唾液酸对病毒的影响

1. 抗病毒

唾液酸及其衍生物在抑制唾液酸酶与抗病毒方面有重要的作用。可抑制流感病毒、轮状病毒、腺病毒、呼吸道合胞病毒和副流感病毒。

2. 阻止病菌入侵

唾液酸可作为流感病毒的受体，是流感病毒结合在黏液细胞中的结合位点，从而阻止病菌的入侵。

3. 干扰和阻止病毒的复制

N-乙酰神经氨酸（唾液酸的一种）对病毒从感染的宿主细胞中释放新复制的病毒颗粒具有重要的作用。通过抑制N-乙酰神经氨酸，可以干扰和阻止病毒的复制，达到治疗流感的目的。

研制唾液酸新药物

1. 科学家尝试用唾液酸抗黏附药物来治疗肠胃疾病。唾液酸抗黏附药可对付幽门螺旋杆菌以治疗胃溃疡和十二指肠溃疡。临床实验采用聚唾液酸化干扰素，其效果比PEG化的干扰素的半衰期更长。研究发现了治疗糖尿病、肺炎和丙肝的聚唾液酸控释的药物。

2. 唾液酸是一种糖蛋白，生物体内可改变细胞表面的负电性，有效地防止血细胞聚集。它可决定细胞的相互识别与结合，在临床上具有类似阿司匹林消炎的功用。

3. 唾液酸作为药物，对于中心或外用性神经疾病以及脱髓鞘病有疗效；唾液酸还是一种止咳祛痰剂。

4. 以唾液酸为原料可开发一系列重要的糖药物，在抗病毒、抗肿瘤、抗炎症、治疗老年性痴呆症上均有非常好的效果。

唾液酸衍生物

1. 唾液酸衍生物 Sialyl LewisX 作为重要的抗黏附药物，可有效阻止白细胞过量聚集，治疗类风湿性关节炎、脓毒性休克等疾病。另外，Sialyl LewisX 及其衍生物还与癌细胞的黏附和转移有关。

2. 唾液酸胆固醇可以治疗阿尔茨海默症。

3. 单唾液酸神经节苷脂对于治疗脑缺血、帕金森症和神经创伤有一定功效。

延伸阅读

【唾液酸与免疫力】

我们来了解免疫学的几个概念。

T 细胞：是指胸腺依赖淋巴细胞。细胞免疫是指 T 细胞接受抗原刺激变成致敏细胞后分化繁殖成具有免疫细胞活性的细胞，T 细胞随血液或淋巴液流动到达抗原所在地，通过与抗原的直接接触，才分泌出免疫活性物质，发挥其免疫作用，如排斥移植来的异体组织、破坏肿瘤细胞、抑制病毒与细胞繁殖等。

B 细胞：是骨髓依赖淋巴细胞。B 细胞被抗原激活后，可分裂、分化为浆细胞。浆细胞产生的各种特异性免疫球蛋白（Ig），总称为"抗体"。

体液免疫：是指抗体通过体液运输至抗原所在地，执行不同的免疫机能。

中国科学家发现燕窝提取液能提高细胞免疫功能，又能提高体液免疫功能，还有延缓衰老、消除氧自由基、抗辐射、防治动脉粥样硬化的作用。

实验表明，唾液酸在消化系统中不会被消化酶降解，可进入肠道阻止致病微生物吸附于肠道细胞，起到抵抗多种致病菌的作用。体液中游离的

唾液酸可阻止感冒病毒在细胞表面的吸附，科研人员以此机理研发了以唾液酸衍生物为主的抗感冒药物。

以唾液酸衍为起始的抗流感药物

研究还发现，唾液酸及其衍生物在抑制唾液酸酶与抗流感病毒、抗轮状病毒、抗腺病毒、抗呼吸道合胞病毒、抗副流感病毒等方面有重要的作用。唾液酸中的N-乙酰神经氨酸对病毒从感染的宿主细胞中释放新复制的病毒颗粒具有重要的作用。通过抑制N-乙酰神经氨酸，可以干扰和阻止病毒的复制，达到治疗流感的目的。

目前，以唾液酸为母体化合物进行NA（N1型神经氨酸酶）抑制剂的研究成为抗流感药物研究的热点，已有2种治疗效果较好的药物——扎那米韦（Zanamivir，商品名Relenza）和奥司米韦（Oseltamivir，商品名Tamiflu）上市，其中扎那米韦是以N-乙酰神经氨酸为原料合成的，而奥司米韦则是以莽草酸为原料经过10步反应得到的。

唾液酸与免疫系统

唾液酸是人类细胞表达的一种聚糖类物质，发挥细胞自我识别作用。

为了击退感染，机体免疫系统首先要清楚地区分病菌和机体正常的细胞。为了成功进行区分，免疫系统会利用每一个细胞表面的特殊分子模式来进行判断。这个观点刊登在国际杂志《自然-化学生物学》（《Nature Chemical Biology》）的研究论文中。来自德国图宾根大学（Eberhard-Karls-Universitaet Tuebingen）等处的研究人员利用结构生物学技术鉴别出了依赖于唾液酸的一种关键的决定簇。

人类细胞被复杂的聚糖类包被着，而唾液酸作为重要的聚糖就发挥了细胞自我识别的作用。20世纪70年代，科学家发现唾液酸对于调节补体系统非常重要。补体系统是先天性免疫防御系统的一部分，由血液中循环的一系列蛋白质组成，可以进行级联反应来杀灭入侵者。到现在为止，研究人员尚不清楚唾液酸如何起作用来保持补体系统不被自身细胞所攻击。

文章中，研究人员鉴别出了形成健康人类细胞和补体系统接触点的关键复合物，并且对该复合物进行结晶，利用核磁共振波谱法和X射线晶体分析技术，清楚地解析了该复合物的分子结构，发现其由包含唾液酸的聚糖和两个补体系统调节因子 H 结构域组成。在健康的人类细胞中，通过因子 H 介导的唾液酸的识别可以在短时间内阻断补体的级联反应，因此携带这些糖类结构的细胞会一直保持不被损伤的状态。

研究人员推测，在一种严重的罕见肾脏疾病中（非典型溶血性尿毒症），其识别机制或许处于损伤状态。研究者人员指出，在很多遗传学研究中都发现在一些非典型溶血性尿毒症患者机体中，部分因子 H 处于损伤状态，而这种损伤就被定位在因子 H 的唾液酸结合位点上。清楚地解析识别过程对于帮助研究人员理解细菌性疾病的发病机制和开发有效的疗法提供了新的思路和依据。

中医养生的最高境界，疾病之防患于未然

《黄帝内经》记载："上医治未病，中医治欲病，下医治已病。"即医术最高明的医生并不是擅长治病的人，而是能够预防疾病的人。而中医养生的最高境界是"治未病"，说的就是防患于未然。

身患疾病的人，如高血压、心脑血管疾病、糖尿病、痛风、乙肝、脂肪肝、甲亢、关节炎、胃炎、严重失眠、癌症等常见慢性病，大多数药物作为非内源性与非营养性物质，会同时增加肝脏的解毒压力与肾脏的排毒压力。药物对疾病的控制能力有限，无法将疾病治愈，其功效仅仅是将慢性病症控制在一定范围内。

世界上最好的医生是自身的免疫系统，最好的药物是免疫系统产生的免疫球蛋白。免疫系统的强大源于营养支持与身体锻炼。燕窝作为一种天然营养滋补品，不仅含有日常饮食能够提供的蛋白质、矿物质、氨基酸，而且富含糖蛋白与唾液酸。免疫球蛋白本身是一种糖蛋白，燕窝里的糖蛋白能作为免疫系统产生免疫球蛋白的营养支持。唾液酸是一种功能强大的营养物质，在自然界中，燕窝含量最多。

营养是生命的源泉。人体的细胞在不停地更新与自我修复，这个过程消耗大量的营养。免疫系统里发挥重要免疫作用的免疫细胞（包括吞噬细胞与淋巴细胞）平均寿命短，更新速度快。有充足的营养支持，才能维持免疫系统保护机体的作用。

真正能让自己康复的绝对不是药物，因为药物无法提供细胞修复所需

要的成分。而给予足够的营养物质，如蛋白质、维生素、矿物质、脂肪等人体构成所需要的营养成分，人体在一定的时间内就会启动自我修复的过程。在一年左右的时间里，身体98%的细胞都会被重新更新一遍。只要营养充足，通过细胞的不断新陈代谢和自我修复，经过一段时间，受损的组织和器官就会被"软性置换"，产生出"新"的组织与器官。很多疾病，都有机会彻底康复。

燕窝中主要的成分是糖蛋白，是燕窝重要的功能成分之一，也使得燕窝既具有蛋白质特性，同时具有糖类的特性。燕窝中的高分子蛋白质，以抗原的形式存在，可作用于肠上皮细胞，对免疫系统发挥作用。燕窝独特的糖类成分提升了燕窝的价值，其中包含唾液酸和表皮生长因子。碳水化合物是身体热量的主要来源，与蛋白质相辅相成，使蛋白质发挥提供热量以外的功能，也可促进脂肪的代谢。燕窝独特的蛋白质成分的生物活性分子，有助于人体组织的生长、发育及病后复原。

燕窝中钙、钠、镁和钾的含量比较高，依据成人膳食参考摄入量(DRI)，燕窝可以很好地为人体提供钙和镁，这些矿物质可以帮助激活人体内的多种酶反应，协助人体维持正常状态。

燕窝中含有人体所需的18种氨基酸，其中人体必需氨基酸有8种。氨基酸作为营养素，有几方面的作用：一是蛋白质在机体内的消化和吸收是通过氨基酸来完成的；二是起氮平衡的作用；三是转化为糖和脂肪；四是参与构成酶、激素、部分维生素。

燕窝健脑

记忆是认识世界和自我的基础，任何一个看似孤立的回忆，其背后都有一个极为复杂的记忆过程。

基于现在我们对于记忆形成机制的认识，广为接受的模型将记忆过程分为三个不同阶段：编码（获得资讯并加以处理和组合）——储存（将组合整理过的资讯做永久记录）—— 唤起（将被储存的资讯取出，回应一些暗示和事件）。

按照记忆的内容特性，研究者又将其分为两类，分别是外显记忆和内隐记忆。外显记忆是指可以意识到的过往经历，也被称为"陈述性记忆"。

内隐记忆包括我们的运动能力、行为习惯等。当前科研一般认为，长期存在的外显记忆是被存储在大脑皮层中的海马体中。而有些类型的记忆，如运动模式，包括行走、游泳和骑自行车等，被储存在小脑或脊髓。

注意力不集中、衰老、创伤、药物、中毒或疾病是记忆缺失的常见原因。高质量的饮食有利于增强记忆，通常是富含碳水化合物、纤维、蛋白质和某些特殊脂肪酸的饮食。

燕窝中唾液酸的含量高达 7%～12%，所以唾液酸又被称为"燕窝酸"。唾液酸能促进神经突触的形成，帮助婴儿的记忆力形成更加稳定的结构基础，并加强神经系统的发育。研究结果表明，唾液酸还具有抗老年痴呆、抗识别、提高肠道对维生素及矿物质的吸收、抗菌排毒、抗病毒、抗肿瘤、提高人体免疫力、抑制白细胞黏附和消炎等作用。

一般来说，60 岁以上的人机体逐渐衰老，脑组织也开始萎缩，因此，生理功能也自然地减退。如果这中间还伴有其他引起脑组织衰老和萎缩的诱发因素，则更促使脑组织衰变和功能减退。脑组织的器质性病变，若在其他因素刺激下，就有可能出现精神障碍。一些神经性疾病，如早老性痴呆症、老年痴呆症以及精神分裂症患者血液或脑中都发现唾液酸含量下降的现象。

唾液酸对神经细胞具有保护与稳定作用。位于神经细胞膜表面的蛋白酶与唾液酸结合后，和能不被胞外蛋白酶降解。一些神经性疾病，如早老性痴呆、老年痴呆及精神分裂等患者血液或脑中唾液酸含量会出现下降，经药物治疗康复后，唾液酸含量又恢复正常，表明唾液酸参与了神经细胞代谢。

单唾液酸神经节苷脂对于治疗脑缺血、帕金森症、老年痴呆症和神经创伤也有一定功效。近年来，科研人员试图合成一些唾液酸衍生物，用于某些神经性疾病的治疗。

唾液酸在细胞表面的位置保护了大分子和细胞免受酶和免疫的攻击，并促进了内在免疫，使得细胞作为"自我"而防止免疫系统的激活。经药物治疗康复后，其含量又显正常，由此表明唾液酸能参与神经活动。

当然，健康的生活方式也有利于改善记忆，如适度饮酒，适量的酒精能改善脑细胞的功能；多运动，锻炼对大脑和全身状态均有益处；联想，将新事物与很熟悉的旧事物相关联。也可以通过其他科学的方法提高记忆能力。

适宜食用燕窝的人群

孕妈妈巧搭配，宝宝聪明又健康

十月怀胎，每个妈妈都希望宝宝健康聪明。胎儿的营养直接从母体获取，孕期的饮食营养十分重要，它直接影响到胎儿的正常发育，以及胎儿出生后的体质和智力状况。

研究表明，人脑的成长黄金期是在儿童2岁前，这是脑细胞数量调整、体积增大、功能完善、神经连接网络形成的关键时期。因此，很多孕妈妈选择在孕期多吃燕窝，以此来摄取足量的唾液酸，好在最佳时期内促进宝宝脑部发育。

如果孕妈妈整个孕期都坚持吃燕窝，每天的干品量在3～5克即可，怀孕1～3个月和第7个月，是胎儿脑部发育的关键时期，可以适当增加燕窝量，以不超过10克干品为宜。有些孕妈妈过分地依赖燕窝，大量或过量地吃燕窝，这不科学、也不可取。在补充燕窝的同时，其他营养的补充也不能少，丰富饮食是健康育儿的前提，科学膳食是顺利生产的保障。

延伸阅读

【孕期其他营养补充的小贴士】

1. 孕早期（怀孕1～3个月）

孕早期是胎儿神经器官发育的关键时期。补充叶酸，可防止胎儿神经器官缺陷。孕妈妈可以口服叶酸片，或吃富含叶酸的食物，如面包、面条、白米等谷类，菠菜、芦笋等蔬菜，以及苹果、柑橘、橙子等水果。

有些孕妈妈在怀孕早期会出现牙龈出血、妊娠呕吐等现象，可以补充维生素C和维生素B6来缓解及抑制。维C来源于新鲜的蔬菜、水果，比如青椒、番茄、黄瓜、菠菜、柠檬、草莓、苹果等。富含维生素B6的食物有瘦肉、鸡肉、鸡蛋、鱼肉、香蕉、马铃薯、黄豆、胡萝卜、核桃、花生等。

怀孕早期还需要补充镁和维生素A，促进胎儿的生长发育，保证胎儿皮肤、肠胃和肺部的健康。在色拉油、绿叶蔬菜、坚果、大豆、南瓜、甜瓜、葵花籽和全麦食品中可轻易摄取镁，而甘薯、南瓜、菠菜中富含维生素A。

2. 孕中期（怀孕4～6个月）

怀孕第4个月，需要补充锌，以防止胎儿发育不良。多吃生蚝、肝脏、芝麻、赤贝等可补锌，生蚝中的锌含量尤为丰富。

怀孕第5个月后，胎儿骨骼快速生长，是迅速钙化时期，对钙质的需求剧增。这个时期需要补充维生素D和钙，孕妈妈每天需要喝牛奶、孕妇奶粉或酸奶来补钙，并多吃易摄取钙含量的食物，比如干乳酪、豆腐、蛋类、虾类、鱼类、海带等。另外也可以多去室外晒太阳，接触阳光能生成维生素D，维生素D可促进钙的有效吸收。除此以外，孕妈妈仍需每天服用钙剂，确保足够的钙质补充。注意，整个孕期都需要补充钙。

怀孕第6个月，孕妈妈和胎儿营养需要继续剧增，许多孕妈妈开始出现贫血症状。为避免发生缺铁性贫血，本月应注重补铁，应多吃含铁质丰富的蔬菜、瘦肉、鸡蛋、动物肝脏等，并从这个月开始每天口服0.3～0.6克硫酸亚铁。

3. 孕晚期（怀孕7～10个月）

怀孕第7个月，需要补充"脑黄金"。"脑黄金"是DHA、EPA和脑磷脂、卵磷脂等物质的结合体。"脑黄金"不仅能预防早产，防止胎儿发育迟缓，还能保证婴儿大脑和视网膜的正常发育。孕妈妈可以多吃DHA含量丰富的食物，如核桃、松子、杏仁、榛子、花生、葵花子等坚果以及海鱼、鱼油等。

怀孕第8个月，胎儿开始在肝脏和皮下储存糖原和脂肪。孕妈妈需要补充足够的碳水化合物，来满足身体的热量需求。应增吃主食，如大米、面粉等，每天进食400克左右的谷类食品，适当增加一些粗粮，比如小米、玉米、燕麦片等。

怀孕后期,逐渐长大的胎儿会给孕妈妈带来负担,较容易发生便秘。此时应注意摄取足量的膳食纤维,以促进肠道蠕动。全麦面包、芹菜、胡萝卜、白薯、土豆、菜花以及其他多种新鲜蔬菜、水果中都含有丰富的膳食纤维。

为了顺利分娩,怀孕最后一个月里,孕妈妈必须补充各类维生素及铁、钙等,尤其是硫胺素(维生素B1)。硫胺素不足,会影响分娩时子宫收缩,使产程延长,分娩困难。多吃海鱼,可以补充硫胺素。

唾液酸(SA)配方奶粉

配方牛奶又称"母乳化奶粉",是为了满足婴儿的营养需要,在普通奶粉的基础上加以调配的奶制品。它除去牛奶中不符合婴儿吸收利用的成分,甚至可以弥补母乳中铁的含量过低等一些不足,是婴儿健康成长所必需的。因此,给婴儿添加配方奶粉成为世界各地普遍采用的做法。但是,任何配方奶也无法与母乳相媲美。

科学家指出,母乳喂养是促进婴儿脑部发育和提高记忆力最好的方式,母乳中(特别是泌乳初期)唾液酸的含量远高于普通婴儿配方奶粉。科学资料显示用母乳喂养的婴儿唾液酸水平比用奶粉喂养的婴儿要好。

极富权威性的《美国临床营养杂志》在2003年发表了一篇临床研究报告。研究证明,用母乳喂养的婴儿大脑中唾液酸的含量比用配方奶粉喂养的婴儿要高22%～32%。该报告作者认为,唾液酸含量差别有重大意义,并做出这样的结论:母乳喂养的婴儿大脑神经节苷脂和糖蛋白中唾液酸含量更高,证明唾液酸在突触形成与神经发育方面作用更显著。

在婴儿体内,唾液酸的含量只有母乳中含量的25%。由于唾液酸是在肝脏中合成的,在儿童发育早期,大脑发育很快,而肝脏发育很慢,由肝脏合成的唾液酸很难满足大脑发育的需要。因此,婴儿特别需要补充唾液酸。

营养学家认为,妇女在备孕、怀孕、哺乳期间适当地食用燕窝,可间接补充胎儿或婴幼儿的唾液酸,促进婴幼儿的记忆力和智力的发育。婴幼儿还可以直接食用燕窝来摄取唾液酸。

众所周知,通过饮食可以补充外源性唾液酸以增加脑部唾液酸含量。

在婴儿奶粉中添加唾液酸，能有效地促进婴儿的神经系统和大脑的发育，并影响他们在生长发育早期的智力发育。

有跨国企业在其配方奶粉中提高了唾液酸含量，使其更接近母乳的黄金标准。还有一家公司使用蛋黄唾液酸低聚糖，研制一种功能性碳水化合物食品，作为婴儿的食品配料和营养增补剂。

儿童如何吃燕窝

给宝宝吃燕窝是好事，因为燕窝含有丰富的唾液酸，对提高婴幼儿智力、促进肠胃消化吸收、提高免疫力、抵抗疾病都大有帮助。

宝宝什么时候可以开始吃燕窝？

在婴儿阶段，母乳是宝宝最理想的食品。宝宝4个月后，就应该考虑母乳或婴儿配方奶粉是否能满足其营养需求，是否要增加婴儿辅食，包括婴儿米粉、泥糊状食品等。

过早地给宝宝添加辅食，可能会出现因消化功能欠成熟而呕吐、腹泻以及消化功能紊乱等现象。过晚添加会造成宝宝营养不良，甚至会导致宝宝拒吃非乳类的流质食品。

通常情况下，如果母乳充足，宝宝从6个月开始就可以添加辅食了。混合喂养或奶粉喂养的宝宝4个月后可添加辅食，而纯母乳喂养的可以晚一些。每个宝宝的生长发育情况不一样，有个体差异，添加辅食的具体时间应视个体情况而定。

怎么判断可以开始给宝宝添加辅食？以下六点可供参考：

1. 体重。体重需要达到出生时的2倍，至少达到6千克。

2. 睡眠。宝宝睡眠时间越来越短，容易饥饿，经常哭闹索食。

3. 发育。宝宝能控制头部和上半身，能够扶着或靠着坐，胸能挺起来，头能竖起来。

4. 行为。他人吃饭时，宝宝会感兴趣，抓勺子、抢筷子，将手或玩具往嘴里塞。

5. 伸舌反射。喂辅食时，宝宝把刚喂进嘴里的东西吐出来，这种伸舌头的表现是一种本能的自我保护，称为"伸舌反射"，说明喂辅食时机未到。伸舌反射一般到4个月前后才会消失。

6. 吃东西。喂食时，宝宝会尝试着舔进嘴里并咽下，表现出很高兴、喜欢吃的样子，就可以放心喂食。

当然，并不是每个宝宝都适合吃燕窝。有极少数婴儿，早期喂食燕窝等辅食，会出现过敏反应，比如呕吐、腹泻、出疹子、拒食等。如果出现以上反应，可以暂停喂食这类辅食，待3～7天后再添加，如果仍出现同样的反应，应考虑宝宝对这类食物不耐受，需停止喂食至少3个月，或者等宝宝12个月大时再尝试喂食。

🔥 燕窝食疗

《黄帝内经》与冬令进补

冬令进补实在是一个大学问，《黄帝内经·素问·四气调神大论》中有云："冬三月，此谓闭藏，水冰地坼，无扰乎阳，早卧晚起，必待日光，使志若伏若匿，若有私意，若已有得，去寒就温，无泄皮肤，使气亟夺，此冬气之应，

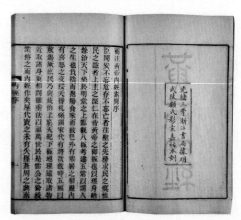

《黄帝内经·素问篇》

养藏之道也。逆之则伤肾，春为痿厥，奉生者少。"意思是冬天的三个月，谓之闭藏，是生机潜伏、万物蛰藏的时令。当此时节，水寒成冰，大地龟裂，人应该早睡晚起，待到日光照耀时起床才好，不要轻易地扰动阳气，妄事操劳，要使神志深藏于内，安静自若，像有人的隐秘，严守而不外泄，又像得到渴望得到的东西，把它密藏起来一样；要避开寒冷，求取温暖，不要使皮肤开泄而令阳气不断地损失，这是适应冬季的气候而保养人体闭藏机能的方法。违逆了冬令的闭藏之气，就会损伤肾脏，使提供给春生之气的条件不足，春天就会发生痿厥之疾。由此可见，冬季的养生之道，"藏"字可以概括。

"一冬补三春。"冬季是匿藏精气的时节，此时养生讲究"以藏为主"，通过饮食、睡眠、运动等养生方式，达到保养精气、强身健体、延年益寿

的目的。在一年当中最寒冷的季节，养生应顺应"闭藏"的自然规律，以敛阴护阳为根本，进补、出汗、喝粥、调神、早睡、通风、护脚、饮茶、喝水、防病，符合"秋冬养阴""养肾防寒""无扰乎阳"的原则。

冬天属水，肾亦属水。冬季寒冷，肾较易受伤害，故补肾为宜。五味中，肾喜咸，甘多伤肾。多食甘，则骨疼而发落。

冬令进补，当以滋润为主；润燥之品，又以燕窝为首。燕窝味甘性平，归肺、胃、肾三经。《本草从新》中记载："燕窝大养肺阴，化痰止嗽，补而能清。"也就是说燕窝能滋阴润燥、补肺养阴。

《本草求真》中载："燕窝入胃补中，俾其补不致燥，润不致滞，而为药中至平至美之味者也。"意思是燕窝补虚养胃，治胃寒性和胃阴虚引起之症。《本经逢原》《本草求真》等医书都记载燕窝"能使金水相生""入肾滋水"。燕窝滋阴调中，凡病后虚弱、痨伤、中气亏损、气虚、脾虚之多汗、小便频繁、夜尿，均可食用燕窝进补调和。

延伸阅读

冬季进补也要因人、因时、因地而异。

俗话说羊肉补阳，阳气偏虚者可选羊肉，以及鸡肉、狗肉等。食用鹅肉、鸭肉、乌鸡等可补气血双亏之人。不宜食生冷又不宜食燥热者，可选用枸杞子、红枣、核桃肉、黑芝麻、木耳等进补。进补时先做引补，以便肠胃适应其过程，选用牛肉、红枣、花生仁，加红糖、生姜做成牛肉汤，调整脾胃功能。

寒冷的冬季养生应以固护阴精为本，宜少泄津液。故冬天"祛寒就温"，预防寒冷侵袭是必要的。当然，冬季养生要适当活动筋骨，微出点汗，这样才能强健身体。

另外，早睡晚起也是冬季养生之道。冬日阳气肃杀，夜间尤甚，古人主张人们要"早卧迟起"。唐代医学家孙思邈告诫："冬月不宜清早出夜深归，冒犯寒威。"早睡以养阳气，迟起以固阴精。

大寒之日，预防中风

小贴士

在强冷空气来临时，50岁以上的中老年人如在睡眠时心脏病突发，胸痛剧烈，应立刻舌下含服硝酸甘油片1粒，并致电120急救中心，然后坐在椅子或沙发上静候援助。急救医师强调，要保持电话通畅，以便与急救人员保持联系。做好转送医院的准备。

广东省中医院急诊科主任丁邦晗博士指出：复方丹参滴丸不是首选，不能替代硝酸甘油；未明确诊断前不宜盲目自服阿司匹林！

据英国《每日邮报》报道：最新研究表明，在寒冷天气里，中风的概率提高30%，气温骤降大大增加了脑部血液凝结的风险，这无疑是非常危险的。

德国耶拿大学医院的医学家们对耶拿镇2003～2007年入住医院的1 700名中风患者进行一系列研究，发现室外温度在24小时内每降低2.9℃，普通人群中风的人数就会增加11%。但是在那些中风高发群体中，如高血压患者、吸烟者和肥胖人群，寒冷天气会将中风发病率提升到30%。

在英国，每天都有200人死于中风。英国心脏基金会建议人们尽量待在家中，温度最好在16℃～18℃之间。此外，人们要食用热的食物和饮料，这样也能保持身体温暖。

从中医上来看，冬季时，人体的生理机能处于低谷，寒冷刺激头部，可使脑支脉硬化患者脑血管收缩、血流受阻，供血减少，血栓形成，堵塞脑血管而发生缺血性中风。高血压患者，由于寒冷引起的血管收缩，可致血压进一步增高，导致血管破裂而发生脑溢血。因此，预防冬季中风，显然十分重要。

中风属脑血管系统中的常见病，中医认为中风的发生与以下几种情况有关：

一是起居失宜，七情郁结，肝热化风；

二是饮食失节，脾失健运，湿聚生痰；

三是体质素虚，外感风邪。风、火、痰、热互相影响，是中风最常见的直接发病因素。

故从膳食方面来说，饮食宜清淡，多吃新鲜蔬菜、水果，如萝卜、藕、芹菜、大白菜、香蕉、梨等，以凉血清热，消食开胃，宽胸理气。禁食膏脂、厚味、肥甘、生痰动火的食物，如鸡肉、猪油、辣椒、烟酒等。

燕窝属水性平，历代医书记载燕窝可"引火归原""清肃下行""入肾滋水""润不致滞"，适于预防中风和患者食用。

《本草求真》中记载：燕窝"入肺生气，入肾滋水，入胃补中，俾其补不致燥，润不致滞，而为药中至平至美之味者也。"体质虚弱、肺肾阴虚或表虚多汗的中老年人，宜常食之。

清柔搭配，罗汉果炖燕窝

《本草从新》为清代吴仪洛撰，成书于乾隆二十二年（1757年），是在清代汪昂所撰的《本草备要》基础上重订而成。全书十八卷，卷首为《药性总义》，后分草、木、果、菜、谷、金石、水、火土、禽兽、虫鱼鳞介、人等11部52类，共载药720种，其分类方法基本同《本草纲目》。各药论述分为药物性味、主治、真伪鉴别、炮制方法和临床配伍应用等，凡引用资料均有出处。

罗汉果炖燕窝

有关燕窝，《本草从新》中记载："大养肺阴，化痰止嗽，补而能清，为调理虚损痨瘵之圣药，一切病之由于肺虚，不能清肃下行者，用此皆可治之。开胃气，已痨痢，益小儿痘疹。"其脚注为："能润下，治噎膈甚效。"

"今人用以煮粥，或用鸡汁煮之，虽甚可口，然乱其清补之本性，岂能已痰耶；有与冰糖同煎，则甘壅矣，岂能助肺金清肃下行耶。"

这段文字大概的意思是：燕窝能大养肺阴，化痰止咳，滋补和清理肺部，是调理虚损痨瘵的圣药。可以治疗由于肺虚不能清肃下行的疾病；开胃气治劳痢，有益于小儿痘疹，可入煎药，或者单独煮汁服用。今时人们用来煮粥，或用鸡汁煮燕窝，虽然非常可口，但是扰乱了燕窝清补的本性，

岂能化痰止咳？有的与冰糖同煎，甘甜味太重，岂能帮助肺部清肃下行？

燕窝业界普遍认为烹调燕窝的最佳方法是清炖，强调"以清配清，以柔配柔"。搭配罗汉果炖燕窝是不错的选择，既不扰乱燕窝清补的本性，又避免甘甜味太重。

罗汉果为葫芦科植物罗汉果的果实，含非糖成分罗汉果苷Ⅳ、罗汉果苷Ⅴ、罗汉果苷Ⅶ，甜度为蔗糖的300倍。苷元是葫芦素类化合物。还含十多种氨基酸和黄酮、果糖等。有清热润肺、滑肠通便之功效。临床用于治疗伤风感冒、咳嗽、咽痛失音、暑热口渴、肠燥便秘。

低温冷冻脱水的罗汉果，保留了原水果味而无药材煳味，适宜肥胖者、糖尿病患者食用。而传统方法烘干的罗汉果食用多了会上火，风热咳嗽者最好少食。

如何科学地吃燕窝

烹饪燕窝的要诀是"以清配清，以柔配柔"。但是仍然有很多燕窝的食家很疑惑：究竟如何吃？添加什么辅料到里面才是最佳搭配？

燕窝可配白粥

清代著名养生学家曹庭栋所著《养生随笔》中论述："上品燕窝粥，煮粥淡食，养肺阴化痰止咳，补而不滞。煮粥淡食有效。色白治肺，质清化痰，味淡利水，此具明验。"可见，燕窝粥对中老年人是有益的。

不过，对患有糖尿病的中老年人，并不建议多吃燕窝粥。因为大米、白面等主食都含有碳水化合物，碳水化合物属糖类，而米粥比米饭更容易消化吸收，升血糖会更高一些。

搭配不影响燕窝的营养价值的辅料

原味燕窝有淡淡的蛋清香味，适当增加一些辅料不会影响其营养价值。比如冰糖、牛奶、椰汁、蜂蜜、枸杞等就是很好的辅料，能丰富燕窝炖品的口感。但是有些水果含蛋白水解酶，比如番木瓜、菠萝、无花果等，与燕窝合炖易化水，会降低燕窝良好的口感和营养价值。

印尼的香茅草能搭配燕窝

香茅草茎叶含挥发油0.4%～0.8%，其中主要成分柠檬醛，含量达

75％～85％。又含少量香茅醛、牻牛儿醇和甲基庚烯酮。香茅的食用具有强力的杀菌剂效果，能预防各种传染病，可治胃痛、腹泻、头痛、发烧、流行性感冒。因此，燕窝加香茅草既可以丰富口感，又可以增加功效。

食燕窝不宜搭配含糖量高的辅料

从中医的角度来看，糖多其味甘甜太重，无助于肺部清肃下行，而吃燕窝追求的就是清补；另一个就是口感的问题，质量好的燕窝和质量稍差的燕窝放一起对比，如果都放很多糖，两者的口感其实相差无几，因为过量的糖会掩盖燕窝本身天然浓郁的蛋清味。

冰糖炖燕窝的糖量标准

口味因人而异，肥胖者和糖尿病患者固然不能吃糖，一般人摄入过多的糖会在体内转化为脂肪，甚至成为若干疾病的诱发原因。其实，人体所需要的营养颇多，任何一种食物或必需的营养素摄入过多，都会造成营养失衡，引起不良后果。同理，长期和大量吃糖，超出了人体需要和肝脏处理功能，就可能对健康产生危害，对中老年人的危害尤其大。

因此，人们爱吃燕窝除了喜欢它的口感，更多是追求它的营养价值，而它的营养最好的保存方式是清炖，增添适当的辅料，切忌多糖。

芙蓉燕菜

在我国，食用燕窝的历史悠久，在元代贾铭《饮食须知》中就有记载。明代著名航海家郑和曾在马来群岛尝过燕窝，回国时便带回一些献给永乐帝朱棣。从此，燕窝更是出了名。清乾嘉年间，童岳荐在《调鼎集》中也把燕窝列入"上席"和"中席"里。

起初人们用燕窝煮粥、炖汤、加冰糖蒸，多从药用角度出发，后来逐渐发展成筵席上的"头菜"，如"芙蓉燕窝""蜜汁燕窝""五彩燕窝""鸡茸燕窝"等。这和当今的福建名菜"冰糖燕窝"、扬州名菜"蜜汁燕窝"等用料和制法大同小异。

芙蓉燕菜

芙蓉燕菜（四川菜）

· 风味特点

燕菜即燕窝。此菜是川菜高级宴席上的名贵汤菜之一，味咸而鲜。以"芙蓉"冠菜名之首，寓意成都古有"芙蓉城"之称，又含有用作配料的"芙蓉蛋"之意。成菜宛如洁白盛开的芙蓉花，质地细嫩、爽口，味咸醇美，是滋补的珍馐。

· 材料

官燕30克、蛋皮丝50克、丝瓜皮丝40克、鸡蛋清3个、瘦火腿丝30克、清汤1 000克、川盐2克、胡椒粉1克、猪化油10克。

· 烹制方法

1. 将鸡蛋清打入碗内调散，加川盐、胡椒粉、清汤150克和匀，分别舀入抹有猪化油的10只调羹内，上笼用小火蒸熟取出，上面用火腿丝、丝瓜丝嵌成玉兰图案，再上笼蒸1分钟成兰花芙蓉蛋。

2. 燕窝用纯净水泡发至燕丝柔软（约2小时），去尽杂质，炖煮（水开后改文火炖25分钟左右）完成后盛入大汤盘内，上面撒上蛋皮丝、火腿皮丝，注入烧沸的清汤，周围放蒸好的芙蓉蛋即成。

· 工艺关键

1. 燕窝的泡发、炖煮要掌握好水量、火候和时间。

2. 上笼蒸制的火候要适度。

芙蓉燕菜（山东菜）

· 风味特点

汤清味鲜，燕菜洁白软嫩。

· 材料

官燕20克、鸡蛋清4个、熟火腿15克、黄瓜皮15克、清汤1 000克、精盐3克、料酒10克。

· 烹饪方法

1. 燕窝用纯净水泡发至燕丝柔软（约2小时），去尽杂质，炖煮（水开后改文火炖25分钟左右）完成后待用。

2. 在蛋清内加入清汤约150克、精盐1克，搅匀倒入盘内，上笼蒸熟成芙蓉蛋。

3. 将炖好的燕窝盛入盘内。

4. 将火腿、黄瓜皮切成细丝，在芙蓉蛋上面摆成芙蓉二字。

5. 将清汤、精盐、料酒调好口味，烧开后轻轻地浇在菜品上即成。

燕窝的常见误解

燕窝是药品还是食品？

燕窝被列入《江苏省中药材标准》《广西中药材标准》《云南省中药材标准》《山东省中药材标准》等多个省市（自治区）的地方药材标准。

值得我们关注的是，燕窝既没有被列入国家卫生部门的药食同源目录，也没有被列入《中华人民共和国药典》。

所以，按照国家有关规定，燕窝是食品而不是药品。虽说燕窝的诸方面的功效已通过科学实验得到证实，但按照食品安全法规定，在销售食品时，均不得宣传产品具有疾病预防、治疗功能等。

延伸阅读

【药材标准】

目前我国药材的鉴定标准分为三级，即一级国家药典标准、二级部颁标准、三级地方标准。上述三个标准，以药典为准，部颁标准为补充。凡是在全国经销的药材或生产中成药所用的药材，必须符合药典和部颁标准。凡不符合以上两个标准或使用其他地方标准的药材可鉴定为伪品。地方标准只能在本地区使用。市场上经销的药材必须经各县、市、省药检所层层鉴定方有效。

吃燕窝花钱多效果差，性价比低？

多年来，人们对燕窝的滋补功效有诸多的质疑，最突出的说法是"吃燕窝不如吃鸡蛋、银耳！"理由是鸡蛋的蛋白质丰富，银耳对肺部滋补效果好，花大钱买燕窝不划算！

燕窝富含的唾液酸，是一种天然存在的碳水化合物。唾液酸的主要食物来源是母乳，也存在于牛奶、鸡蛋和奶酪中。燕窝中唾液酸的含量高达7%～12%。

科学研究发现，唾液酸具有提高婴儿智力和记忆力、抗老年痴呆、提高肠道对维生素及矿物质的吸收、抗菌排毒、抗病毒、抗肿瘤、提高人体免疫力、抑制白细胞黏附和消炎等作用。

吃燕窝会导致性早熟?

吃燕窝引起性早熟是个误区。有医务人员以为其是滋补品，儿童食用肯定会引起性早熟，并把燕窝与人参等归为同类滋补品。

中医认为性早熟是阴虚火旺引起的，需滋阴降火。燕窝味甘淡、性平，归肺、脾、肾经，与其他温热滋补品不同。黄宫绣的《本草求真》记载："燕窝，入肺脾肾，入肺生气，入肾滋水，入胃补中，俾其补不致燥，润不致滞，而为药中至平至美之味者也，是以虚劳药石难进，用此往往获效，义由于此。然使火势急迫，则又当用至阴重剂，以为拯救，不可持其轻淡，以为扶衰救命之本，而致委自失耳。"

现代科学实验表明，雪蛤、冬虫夏草、人参（包括西洋参），以及牛初乳、蜂王浆、花粉制剂等的促性腺素含量较高，容易诱发儿童性早熟。此外，在含有天然雌激素的国际食物列表中，有经常吃的鸡蛋和牛奶。

关于鸡蛋、牛奶和燕窝的激素含量，前者在英文期刊《Food Chemistry》刊登《Natural Occurrence of Steroid Hormones in Food》一文找到数据，后者在英文期刊《Asian Journal of Chemistry》中有检测数据。我们在前面章节已经对比计算过：一个鸡蛋的黄体酮（P）含量与54.35克燕窝相当；一个鸡蛋的17β-雌二醇（E2）含量与2.5克燕窝相当。

如果按正常人每天吃一个鸡蛋或每天吃5克燕窝计算，燕窝摄入的黄体酮含量比鸡蛋还要低很多，17β-雌二醇含量则和鸡蛋差不多。

我们每天吃一个鸡蛋都是安全的，吃燕窝又怎么会不安全了呢？吃燕窝摄入的激素含量还不及吃一个鸡蛋呢。科学研究证明燕窝不会引起儿童性早熟。

采摘燕窝不环保，很残忍？

按照常理，窝就是家。如果人类拿走（采摘）动物的家，动物无所居，当然很残忍。这里的关键点在金丝燕的巢究竟是不是金丝燕的家。

燕洞燕窝为野生状态，而燕屋燕窝属半野生状态。在东南亚人工燕屋的兴起，使金丝燕种群迅速增加，屋燕（窝）也随之增加。金丝燕"飞入寻常百姓家"，成了人类的好邻居。

在繁殖的季节，金丝燕成鸟的唾液系统将扩大，并分泌出大量的唾液来筑巢，用作孵卵与养育下一代小燕子。富黏性的唾液，把筑巢的材料（如藻类、苔藓、水草等）黏结在一起。淡腰金丝燕、爪哇金丝燕等的唾液一经风吹就凝固起来，形成半透明的胶质物，即名贵的滋补食品燕窝。

成年金丝燕筑巢，孵化、哺育下一代金丝燕，在小金丝燕能自行飞翔觅食时就会飞走另行寻找栖息点，不再使用此巢。所以燕窝不是金丝燕永久的家。燕农为了保护金丝燕，也会等小金丝燕离巢后才采摘燕窝。

我们在东南亚实地考察，还发现金丝燕纷纷北上的有趣现象。由于人工燕屋发展，金丝燕繁殖过快，数量急剧增加，造成食物短缺，金丝燕为觅食只好迁徙。在泰国、柬埔寨、越南等地，金丝燕种群不断向北部温度较低的地区扩展，并逐渐适应了当地的气候，金丝燕种群分布区也向北延伸，这些地区开始兴建燕屋。看到金丝燕筑巢，燕农笑逐颜开。

燕窝业内人士关注环境保护与产业发展的双赢，经过多年的实践，真正做到了燕窝产业可持续性发展。

解答《燕窝神话》

某地理杂志 2004 年春节特刊刊登的《燕窝神话》一文轰动了餐饮业和滋补品业。笔者细研该文，两方面观点未敢苟同，一是味道，二是功效。

燕窝味如嚼蜡？

杂志观点："燕窝与'美味'二字无缘……较蜡更难吞嚼……就连末代皇帝溥仪亦感叹其大败味觉的膻腥滋味。"

燕窝的馨香只有懂燕窝的人才知道，一盏小小的燕窝经过纯净水的浸漫逐渐膨胀，经过慢炖后的蛋清香味扑鼻而来，口感顺滑、爽口。有时候

燕角嚼起来有弹性，别有一番乐趣。沈宏非先生说："一匙燕窝入口之际，万千宠爱以及百般呵护，全部都写在了脸上。"

燕窝是大自然予以人类弥足珍贵的馈赠。芸芸滋补食材之中，燕窝有如一只独舞的精灵，既高雅神秘，又温顺平和。古往今来，燕窝不仅是养生之道中浓墨重彩的一笔，也是膳补文化里古朴、倾城的一道风景。无论是独树一帜，还是与其他食材珠联璧合，它所成就的佳肴都足以在食者舌尖演绎出一曲绝伦的华尔兹。

燕窝功效平平无奇？

杂志观点："根据实验室对燕窝药材的初步鉴定，大多数研究者都已经认可纯燕窝主要包含水溶性蛋白质、脂肪、碳水化合物、氨基酸以及钠、碘等元素物质。但仅仅是这一成分列表依然令人们失望。按照这个结果，燕窝的营养成分与鸡蛋、银耳甚至豆腐都差不离。"

仅查阅中国知网，2000 年以后国内发表的燕窝研究论文就有 400 余篇之多，可谓热门课题。现代医学研究表明，燕窝主要营养成分含有水溶性蛋白质、碳水化合物、微量元素（包括钙、镁、钠、钾等）和对人体起重要作用的氨基酸，如天冬氨酸和丝氨酸。其中唾液酸是燕窝中主要的生物活性成分，对人体的生理和生化功能具有重要的调节作用，为燕窝中最有价值的成分之一。2005 年，加拿大科学家对白燕和红（血）燕进行成分分析，发现两者含有的主要成分有脂质（0.14%～1.28%）、灰分（2.1%）、糖类（25.62%～27.26%）以及蛋白质（62%～63%）等，其中，糖类和蛋白质多以糖蛋白的形式存在。

吃燕窝要坚持

有人说：在动物实验中使用的唾液酸剂量与人偶尔吃几口燕窝完全不可同日而语，想要靠吃燕窝获得这些健康益处，可能仅仅是个传说。

吃燕窝短期内无明显功效，最好长期或经常服用。一般的量为每次 3～5 克，隔一天吃一次，条件好的可每天吃 1～2 次。早起空腹或者晚上睡前吃。90% 以上食用者在 3 个月内会有一定的效果，慢则 6 个月。

燕窝加工存在风险

有人说：天然燕窝中含有许多杂质。去除这些杂质的过程很烦琐，所以很多商家为了清理燕窝方便，添加了漂白剂漂白。近年来，燕窝造假、亚硝酸盐超标的新闻也并不少见。

白洞燕、屋燕大多是可食用燕窝，混杂少许金丝燕羽毛。在中国、印度尼西亚、马来西亚、泰国，有专门的挑毛的毛燕加工厂，毛燕生产加工严格执行标准操作规程。毛燕被采摘之后，要经过甄选、浸泡、除杂、挑毛、烘干等复杂的加工才能制成成品燕窝。自从 2011 年"血燕事件"后，国家对燕窝质量制定了检测标准，对亚硝酸盐等有害物质，蛋白质、碳水化合物等营养成分，唾液酸等理化指标，以及有害微生物和添加剂等都有严格的限制。对于造假燕窝、漂白燕窝，与天然燕窝相比，味道与口感上很容易区别开来。天然燕窝有淡淡的蛋清味，口感细腻爽滑，富有弹性；造假或漂白燕窝的香味与口感都不同。

过敏风险

有人说：燕窝还有过敏风险。新加坡曾有研究调查了急性过敏就诊的儿童，燕窝超过了海鲜成了最大的过敏源。

燕窝含有过敏反应的蛋白，可引起 IgE 介导的过敏反应。但其实吃燕窝导致过敏反应的案例并不多。据 2014 年新加坡的医学杂志《Singapore Medical Journal》报道，过敏儿童中，豆类是最高的食物过敏源（19%），其次是鸡蛋（12%），海鲜贝壳类（10%）居第三，燕窝（10%）名列第四位。

笔者曾为此在燕窝业界做过调查，大多从业者不知道吃燕窝会有过敏反应。不足 5% 的品牌商反映，有极个别消费者反馈出现过敏反应。可见过敏反应比率不高。

🔥 燕窝访谈录

访谈 1：燕窝唾液酸让流感病毒无所遁形

丁香：蒋博士，燕窝最被熟知的就是它滋阴养颜的效果很好，我们女

孩子都很喜欢，而且有很多"窝友"反馈说吃了燕窝以后，免疫力提高了，感冒次数也明显减少，想问下这是不是说明燕窝还可以抗病毒？

蒋博士：燕窝是否还能抗病毒这个问题，包含在燕窝的生物活性的问题之内，这个大问题包括三个方面：抗病毒、促细胞分裂、免疫促进。初步研究提示，燕窝的抗病毒作用与其糖蛋白中的结合唾液酸相关，其他药理作用可能与某种蛋白质或糖蛋白相关。

丁香：也就是说燕窝中存在的糖蛋白具有抗病毒作用？

蒋博士：对的，燕窝提取物对于流感病毒具有广谱抑制作用，说明起抑制作用的可能有多种成分，其中以 N- 乙酰神经氨酸为主的唾液酸类物质被认为是主要活性成分。具体来说，燕窝提取物均对 H5N1 禽流感假病毒的活性有抑制作用，该抑制作用的靶点为 H5N1 禽流感假病毒的包膜蛋白。H5N1 禽流感病毒的包膜蛋白上有两种与其感染主宿主功能相关的重要蛋白，即 H5 型的血凝素 (HA) 和 N1 型的神经氨酸酶 (NA)；同时，燕窝提取物对 H5、H7、H9 型阳性抗原凝血作用均有抑制作用，但均对 NA 没有抑制作用。虽然不影响 NA，但抑制了 HA，使流感病毒无法复制和转录，从而失去活性，也就是说通过抑制包膜蛋白上血凝素的活性来实现，即血凝素可能是燕窝提取物抗病毒的作用靶点。

丁香：好深入的研究，那可不可以举例实验佐证这个功效呢？

蒋博士：有的，实验证明燕窝提取物可中和感染犬肾细胞（MDCK）的流感病毒，抑制由 A 型流感病毒引起的人红细胞凝集。

丁香：但是我记得读书时生物老师提到吃下去的东西会被消化酶分解，就好像很多女孩子在吃的胶原蛋白，进入体内都会被分解成氨基酸，就是另外一种东西了。唾液酸会不会也会被分解成另外一种东西，然后丧失掉抗病毒的功能呢？

蒋博士：有过实验，证明该提取物经胰酶 F 水解后可抑制人、鸟和猪感染流感病毒，但对流感病毒神经氨酸酶却无抑制作用。

丁香：在进入燕窝行业之前，我也在医药行业工作过几年，知道很多抗病毒的药，比如感冒药，正式面市的时候都要做安全检测，那我就有点好奇，唾液酸的抗病毒作用安全吗？

蒋博士：燕窝提取物即使在 4 毫克 / 毫升的高浓度下也不会引起红细胞或犬肾细胞（MDCK）溶解，因此提取物经胰酶 F 处理后得到的相对分子质量在 $25×10^3$ 以下的组分用于抗病毒处理应该是有效和安全的。

丁香：很神奇诶，燕窝是我们中医的养生智慧，我以为它归脾、肺、肾三经，就是对这些脏腑有作用。没想到现代医学上还有这样的解读！

蒋博士：对的，燕窝蛋白的抗病毒作用体现在中医临床上，就是燕窝可以治疗呼吸道和消化道疾病，如咳嗽、婴幼儿久泻等。

丁香：那燕窝能抗击的，除了感冒病毒外，还有哪些病毒？

蒋博士：这方面的研究还在继续，目前知道的有 H5N1 禽流感假病毒和合胞病毒。另外，合胞病毒感染的潜伏期为 2～6 天（多则 4～8 天）。合胞病毒性肺炎的典型所见是单核细胞的间质浸润。在一些病例，亦可见细支气管壁的淋巴细胞浸润。在肺实质出现伴有坏死区的水肿，导致肺泡填塞、实变和萎陷。少数病例中，在肺泡腔内可见多核融合细胞，形态与麻疹巨细胞相仿，但找不到核内包涵体。

丁香：H5N1 我有点了解，合胞病毒听起来很复杂，是什么东西？

蒋博士：呼吸道合胞病毒会导致肺炎，主要表现是肺泡间隔增宽和以单核细胞为主的间质渗出，其中包括淋巴细胞、浆细胞和巨噬细胞。此外，肺泡腔充满水肿液，并可见肺透明膜形成。

丁香：也就是说燕窝对于肺炎有一定的治疗效果。对了，您之前提到的糖蛋白这种物质，能简单介绍下吗？

蒋博士：糖蛋白广泛存在于细胞膜、细胞间质、血浆以及黏液中，具有开关和调谐功能、激素功能、胞内转运功能，能保护和促进物质吸收、参与血液凝固与细胞识别等。对于增殖的调控、受精、发生、分化以及免疫等生命现象，也起着十分重要的作用。

丁香：唾液酸这种物质真的是很神奇，但是像这种对人体有重要意义的物质，自然界其他食物当中也有吗？

蒋博士：嗯，唾液酸的主要食物来源是母乳，其次是牛奶、鸡蛋和奶酪，燕窝中的唾液酸含量可达 7%～12%，最近有报道甚至高达 15%。如此高的唾液酸含量，是其他天然产物所无可比拟的。鉴于唾液酸蛋白是燕窝区

别于大多数自然界产物的特异性化学成分，故认为唾液酸在燕窝功效中的意义值得关注。

访谈 2：中、马燕窝博士有话说，燕种和燕窝的关系

李茂安博士：沙捞越博物馆动物学家，沙捞越大学讲师，马来西亚中央政府顾问，世界燕窝基因库创建者，南洋著名动植物学家，长期对燕窝进行研究，哥曼东燕洞保护区首席科学家。

蒋林博士：世界级燕窝全产业研究专家，中国科学院理学硕士，广州中医药大学中药学博士，中山大学医学博士后。《解开燕窝密码》第一主编。

中、马两位世界级的燕窝研究专家，李茂安博士和蒋林博士就"金丝燕物种决定燕窝质量"这一话题进行深入对话。

蒋博士：请李博士讲解一下马来西亚西部，沙捞越和沙巴的燕屋燕窝品质不同的原因。

李博士：马来西亚西部（马来半岛）与东部（沙捞越和沙巴）燕屋所产燕窝品质不同，燕窝质量差异是由金丝燕的种类所决定的。

除了天气干燥和金丝燕换羽的季节（每年从 5 月到 10 月），昆虫食物少，屋燕筑的巢较小而薄，羽毛也较多。否则，金丝燕的种类将决定燕窝的质量。

爪哇金丝燕，产于马来西亚半岛西海岸的槟城到马六甲，通常燕巢薄。在马来西亚半岛东海岸，其燕窝较厚，品质较好。当地燕种是戈氏金丝燕。沙捞越和沙巴，戈氏金丝燕是主要的燕种，其燕屋的燕窝更厚，品质优。而在沙捞越西南地区伦乐（Lundu）和三马丹（Sematan）的爪哇种燕窝薄，质量较差。沙巴山打根燕屋，是爪哇金丝燕东婆罗洲亚种（A. f. perlexus），燕窝的质量最好。这就是不同产地燕窝质量不同的原因。

蒋博士：燕窝的品质与金丝燕的物种有关，马来西亚半岛东海岸与越南会安为戈氏金丝燕种，马来西亚半岛西海岸与苏门答腊燕种都是爪哇金丝燕，而东马与中南半岛东海岸属同一燕种。东南亚气候条件属热带季风气候和热带雨林气候，不影响金丝燕捕食昆虫的生长发育。

第十一章
燕窝百问

为什么食用燕窝会有养颜功效?

如何食用燕窝?

燕窝要吃多久才有效?

孕妇吃哪种燕窝较好?

燕窝的营养和鸡蛋、豆腐差不多?

什么是燕窝酸?

为什么燕窝盏形有的大，有的小?

燕窝含有什么营养成分?

燕窝对不同的人有什么功效?

如何分辨燕窝是否有漂白?

1. 金丝燕是什么种类的鸟?

答：金丝燕是雨燕科，金丝燕属和侏金丝燕属小型鸟。

金丝燕属留鸟，是雨燕科中最小的一种。体形比家燕小，上体暗褐色，羽毛中有金丝光泽，首尾如燕子，翅膀尖而长，故名金丝燕。营群栖生活。

2. 金丝燕生长在哪些地方?

答：金丝燕多生长于东南亚地区，如印尼、泰国、马来西亚、越南。在我国的海南岛东南沿岸也有分布。

3. 金丝燕有人工养殖的吗?

答：没有。金丝燕目前无法人工养殖，金丝燕在屋里做窝只是做窝环境的改变，而它们的生活习性并不改变。金丝燕的习性是在飞行中捕食，人类无法喂饲它们，它们还是在大自然中捕取食物。

4. 金丝燕的寿命大约多长?

答：金丝燕的寿命大约为 14～18 年。

5. 金丝燕的食物是什么?

答：主要是各种小昆虫，也有海洋生物，如鱼类、藻类等，但这些比较少。

6. 金丝燕繁殖的各类数据?

答：每次产卵 2 枚，每枚长约 2 厘米、宽约 1.2 厘米，重约 3.5 克；筑巢耗时约 30 天，卵的孵化期约 20 天，小金丝燕约 40 天后即能自行飞翔觅食，且另行寻找栖息点。

7. 金丝燕在春天筑的窝品质最好吗?

答：不是，金丝燕一年做三次巢窝。东南亚一带是不分春夏秋冬四季的，只有雨季和旱季之分。雨季昆虫资源丰富，燕窝的质量较好。

8. 什么是燕窝？

答：燕窝是主要分布在东南亚的多种金丝燕为了繁衍下一代，用唾液黏结羽毛等物质而筑成的窝。

9. 一盏燕窝是一只燕子筑造的吗？

答：不是的。燕窝由雌雄两只金丝燕共同筑造。

白燕盏

10. 燕窝产量真有那么多吗？

答：有。首先，金丝燕不是濒危鸟类，它们在全球的数量无法完全统计，所以金丝燕产出的燕窝，就如蜜蜂酿出的蜂蜜一样不可计数。金丝燕在印尼被视为国鸟，印尼所产燕窝约占全世界总产量的80％。据不完全统计，全球产量 2 000 吨。随着燕窝行业的发展，人们对金丝燕的保护不断加强，燕窝的产量还将稳中有升。

其次，据权威的《不列颠百科全书》详细统计，金丝燕最高群居数量可达 100 万只。金丝燕的繁殖能力很强，一对金丝燕在每年不同时期产卵3 次，筑窝 3 次，只要合理采摘就不会影响到金丝燕的正常繁衍。

最后，燕窝不能与其他普通食品相比，因为它是东南亚多种金丝燕用唾液做成的窝，出产有自身的特殊性和地域的局限性，使它的价格相对较高，而且相对于全世界的消费来说，目前还是供不应求，所以价格相对也较高。

我国本土的燕窝几近于无，20 世纪 80 年代在海南的大洲岛还有发现，现在很难找到。

11. 各国出产的燕窝（屋燕和洞燕），在外观等方面具体有什么不同？

答：各种不同产地的燕窝品质除了与自然环境有关，和金丝燕物种也有一定关系。越南会安燕窝是戈氏金丝燕做的窝，特点是盏身较厚，蛋香味浓郁。泰国燕窝特点是比较硬，盏身比越南会安燕窝薄。马来西亚分东马和西马，东马主要是戈氏金丝燕做的窝，燕窝盏身厚，颜色白；西马主要是爪哇金丝燕做的窝，盏身比较薄。

12. 印尼燕窝与马来西亚燕窝哪种更好？

答：印度尼西亚爪哇岛、苏门答腊岛、加里曼丹岛和马来西亚的东马、马来半岛是可食燕窝的分布中心，燕窝质量最好。印尼是千岛之国，大部分地区属热带雨林气候，温度高、降雨多、风力小、湿度大，燕窝颜色偏米白或米黄，口感爽脆。马来西亚地区属于热带雨林气候和热带季风气候，所产燕窝颜色偏白，口感比较绵滑。两国燕窝各有特色。

13. 洞燕和屋燕是同一种金丝燕做的窝吗？各国的燕窝都是同一种金丝燕做的窝吗？

答：洞燕和屋燕不是同一种金丝燕做的窝。产燕窝的燕子为雨燕科，金丝燕属和侏金丝燕属的部分鸟类，比较常见的种有大金丝燕等，在印度尼西亚和马来西亚都有戈氏金丝燕、爪哇金丝燕。

14. 洞燕和屋燕的营养成分有哪些不同？

答：洞燕和屋燕的营养成分种类没有区别，但洞燕矿物质含量比屋燕高。

15. 洞燕会不会重金属超标？

答：可能会。洞燕是金丝燕在山洞壁上做的窝，矿物质会通过洞壁渗入燕窝，某些重金属（如铜、铁等）含量可能会超标。

洞燕盏

16. 洞燕的盏形相对屋燕比较厚实，纹理比较粗，口感也不同，这是什么原因引起的呢？

答：洞燕与屋燕的差异是岩洞的矿物质丰富，加上岩洞温度、湿度等综合因素作用的结果。

17. 越南燕窝贵，是否只是物以稀为贵？有没有数据表明其营养价值更高？

答：越南燕窝产量的确少。越南燕窝是由戈氏金丝燕所筑造的，盏身比较厚，加上其特殊的环境，炖出来的味道和口感的确优胜于其他地区的燕窝。

18. 老燕盏和新燕盏的营养成分有区别吗？

答：区别不大，但是老燕盏口感会更爽脆，同时也存在亚硝酸盐含量更高的可能。

19. 带毛的燕窝比较好吗？

答：燕窝并非带毛就好，但燕窝上有燕毛和杂质是正常的现象。事实上，带有燕毛和杂质的燕窝是不能直接食用的，都要首先经过挑毛和去除杂质的程序，十分费力。如果燕窝中燕毛较多，该燕窝的品质就不能保证。

20. 为什么血燕燕条较少？

答：血燕即红燕，质地较硬，不易压碎，不容易产生燕条。如果有，量也少。

21. 毛燕制成的燕盏，价格有什么差别？

答：毛燕分轻毛、中毛、重毛等几种不同的等级。轻毛（燕）即含燕毛较少的燕窝，加工和处理更为省时省力，因此其价格也会相对较高一些，其加工成的燕盏价格也会比其他毛燕加工的燕盏价格高。

22. 燕饼是怎样加工而成的？

答：燕饼是燕窝在清洗、去杂质时，破损为较细状的燕碎，处理后压成饼状，故称燕饼。

23. 燕窝上有幼毛，是否代表品质有问题？

答：燕窝上有少量幼毛是正常的，并不是品质有问题，因为燕窝上的部分燕毛太幼细，采用传统手工挑毛，工人难以全部挑去。市面上有些燕窝可能经过化学处理后，看不到燕毛，这种燕窝品质上是得不到保证的。

毛燕盏

24. 为什么血燕没有毛燕？

答：其实血（红）燕也有毛燕的，但因血燕颜色较深，不易看得出来。

25. 为什么血燕泡后颜色变淡？

答：因为血（红）燕浸泡后会吸水膨胀，所以颜色会变淡。

26. 听说血燕是金丝燕吐血做的，很营养，是真的吗？

答：血（红）燕并非金丝燕吐血做的，血（红）燕之
所以呈现红色，与金丝燕食用海边藻类、昆虫等食物，
或者与生活的岩洞所含的矿物质有关。据燕窝专家和
科研部门分析：血（红）燕内既无红细胞也无血小板，
而且红色的血红蛋白只会被氧化成黑褐色的高铁血红蛋白，
所以燕子吐血做窝这样的说法是不正确的。血（红）燕营养较高
是真的，因血（红）燕中矿物质和微量元素含量较高。

燕条

27. 燕丝、燕条和燕盏有什么区别？

答：燕丝是燕盏内十分幼细的囊丝。燕条是燕窝在采摘、清洗或运输中压
碎形成的较大条块。燕盏是形状天然、营养高、发头好、杂质少、品质佳
的燕窝。三者口感会有差别，但营养成分差异并不大。

28. 燕窝"足干"的定义，干到什么程度为足干，指数可以量化吗？

答：足干的燕窝并非完全不含水分，通常干度只要达到97％以上，就会
被认为是足干的。

29. 一般消费者觉得鉴定燕窝好不好在于发头，而除了发头外，还有其他直观的方式可以鉴定吗？

答：发头只是鉴定燕窝好坏的众多指标之一。燕窝的品相，纤维粗细，干
净度，炖煮之后的蛋香味等，都是鉴别燕窝的直观方式。除此之外，燕窝
中的蛋白质和唾液酸含量也是鉴定燕窝是否优质的重要标准。

30. 用食品包装膜包装时，机器温度很高，会不会影响燕窝的品质？

答：用食品包装膜包装燕窝时，真正接触包装膜的中心温度并不高。市面上溯源码燕窝采用的是食品级的环保包装膜，不会影响燕窝品质。

31. 为什么有时燕窝闻起来有一股氨水味？

答：燕窝是金丝燕在燕屋里筑在墙壁上的，金丝燕喜好温暖、潮湿、高温的环境，所以燕屋四周都是严严实实的墙壁，内部形成了一个高度封闭的环境。金丝燕对于周围环境非常敏感，而且又是群居动物。为了吸引金丝燕，燕农会在燕屋内部撒上酵素来吸引金丝燕。一走进燕屋，就有可能闻到浓浓的氨水味。不过，挑净毛的白燕氨气味要比毛燕淡很多，足干的燕窝要比不足干燕窝的氨水味淡很多。

32. 原料基地是如何处理燕窝的？

答：纯净水清洗——挑燕毛、去杂质——称重——水分控制——包装。

33. 如何选购燕窝？怎么辨别真假燕窝？

答：判断燕窝好坏的八字方针：一看二闻三观四察五摸六触七烧八品。

一看颜色，天然燕窝为灰白色、黄白色。漂白燕窝盏身特别白，细小的绒毛也很难看到，因为绒毛也会被漂白；

二闻味道，天然燕窝有腥味和木霉味道，没有药水味道；

三观囊丝，燕窝呈半月球形或类船形，内侧有网状的囊丝，补碎的燕窝囊丝结构不规则；

四察发头，没有刷胶的燕窝泡发率相对大一些，泡发后丝丝分明，不会结块；

五摸丝条，品质好的燕窝浸泡后丝条拉扯弹性好，不易拉断或成糊糊状；

手工挑毛

六触干度，干爽，不易生菌发霉；

七烧燕丝，天然燕窝燃烧有头发烧焦的味道，伪品有类似塑料制品燃烧的刺鼻气味；

八品口感，天然燕窝炖煮后带有蛋白清香味，晶莹剔透，口感细腻爽滑、富有弹性，无腥味、明胶味，不会成烂糊状。

34. 为什么燕窝在打开包装时有异味？

答：这与金丝燕做窝的环境和它所吃的食物有关系。金丝燕在阴暗而潮湿的环境下做窝，空气难以流通，一段时间后就有可能形成燕窝独有的异味，打开包装后就会闻到。但清洗炖煮后就会有燕窝特有的清香味（蛋清味），不会再有异味。

35. 如何分辨燕窝是否有漂白？

答：鉴别燕窝是否有漂白，从经验上：

1. 可以通过隐藏在燕丝中的燕毛的颜色鉴别，如果有多处咖啡色或者褐色，则有漂白之嫌。

2. 漂白有轻、中、重不同程度，严重漂白的燕窝，泡发后燕丝不再剔透。

可以到专业机构检测，正常二氧化硫（SO_2）的含量应该是少于每千克 1 毫克，否则，有可能是漂白的燕窝。一般双氧水漂白不易被检测出来。

36. 长期食用漂白、化学除毛等劣假燕窝可能导致什么后果？

答：漂白、化学除毛的燕窝含有高氧化物，长期食用，若情况严重可致癌。食用劣假燕窝后，喉咙易发痒，可能是由高氧化物引起的。

37. 目前刷胶燕窝主要刷的是什么胶，这些掺假燕窝如何识别？

答：刷胶一般是：将燕角、燕碎打成燕浆加入木薯粉、鱼胶粉、海藻粉、洋菜粉等。这些掺假燕窝主要特点是比较密，盏身平滑，纤维纹路不清晰，且有不自然反光现象。

38. 加工厂对于燕窝的消毒灭菌方法有哪些? 时间和温度有讲究吗?

答:消毒方法有蒸和高温、高压。消毒时间控制在几十秒至一分钟之内。中心温度70℃以上,以达到消灭表面细菌微生物的目的。另外还有紫外线杀菌和臭氧杀菌。

39. 如果消费者购买毛燕自己挑毛后炖煮,有无卫生隐患? 会存在哪些有害细菌没有被杀死的情况吗?

答:毛燕含亚硝酸盐和有害病菌。消费者购买了毛燕后要多清洗几遍,充分炖煮,一般来说可以把细菌消灭。但前提是需要采购符合卫生标准的燕屋生产的毛燕。

40. 燕窝和海燕窝(海珊瑚草)的营养价值,哪个更高? 如何鉴别燕窝和海燕窝?

答:燕窝的营养价值比海燕窝高,因为燕窝富含丰富的唾液酸。浸泡的办法可以分辨燕窝与海燕窝,海燕窝的发头,即膨胀度比燕窝高很多,炖煮容易化水,口感偏酸。

41. 为什么国家规定燕窝中的二氧化硫含量为零?

答:因为燕窝本身不含二氧化硫,所以有关法规规定,燕窝中二氧化硫不得检出。每千克燕窝的二氧化硫含量应少于1毫克(表示低于检测能力的最低限量)。

42. 溯源燕窝好吗?

答:答案是肯定的,溯源是国家食品发展趋势,燕窝也是一样的。溯源燕窝和非溯源燕窝的直观差别就是有一张标签,但是要获得这张标签,燕窝必须满足以下条件:产燕窝的燕屋和加工工厂必须在原产地政府和中国相关部门备案,获

溯源燕窝

得资质，接受监管；同时每批燕窝在发出和到达时都必须接受一系列的取样、检验检疫、备样等手续，样品检查合格后才可以贴标在市面上销售。

溯源保障的是安全性，溯源燕窝归根结底还是燕窝，燕窝品质从原料到工艺再到营养层面，分成多个等级。因此，溯源燕窝的好体现在安全性，其品质不能一概而论。

43. 关于燕窝的保质期，有些标注的是 2 年，有些是 3 年，有没有统一的标准？

答：优质干品的燕窝保质期是 3 年，一般放在阴凉干爽之处即可。在东南亚地区，有人专门吃陈年的老燕窝。在印尼、香港等地，也有部分人专门把燕窝储存一定时间后才吃，最长的有 30 年。

44. 纯燕窝是什么颜色？

答：燕窝是自然界的产物，颜色受到很多因素的影响，比如雨季燕窝偏白，而旱季燕窝则偏黄或者发灰。一般来说，纯天然的燕窝颜色有点微黄，或者为乳白色、象牙白，颜色太白或者白得发亮的燕窝就有可能是漂白燕窝。

45. 燕窝为什么有的比较白，有的较黄，有的较暗？

答：因为燕窝是纯天然的，颜色的不同主要是金丝燕吃的食物会影响金丝燕的唾液分泌，做窝的环境、季节也会影响燕窝的色泽。光照对燕窝的颜色也有影响。

46. 燕窝是金丝燕黏性的唾液做成的窝，为什么浸泡后没有黏性？

答：燕窝本身具黏性，经过浸泡后会凝固成丝状，也会吸水膨胀成丝状，一丝一丝的，没有黏性。

47. 血燕浸泡后为什么呈橘色？燕头发白，是不是染色造成的？

答：血（红）燕浸泡后呈橘色是由于吸水膨胀的缘故。燕头发白是因为燕窝胶质较浓，较硬而厚实，氧化程度较弱，并非染色。

48. 为什么燕窝经过密封包装后，重量仍会减轻？

答：水分的挥发是一种自然现象。目前一般通过物理手段而非化学手段来控制燕窝的水分挥发。

49. 怎么燕窝泡发，用什么水泡发好？

答：燕窝要用纯净水泡发，最好不要用自来水，因为自来水里含有漂白化学物质。

50. 泡发燕窝的水有营养吗，可以倒掉吗？

答：泡发燕窝的水是燕窝的清洗水，有杂质和微生物，泡完后倒掉就可以了。纯天然燕窝中都会含有微量的亚硝酸盐，亚硝酸盐溶于水，彻底泡发有助于清除燕窝中的亚硝酸盐。含有亚硝酸盐的泡发水，果断倒掉吧！

51. 为什么有的燕盏水分含量高，较湿润？

答：金丝燕做窝的环境湿度非常大，采摘后如果处理不到位，燕盏的水分含量就会高，可通过物理手段烘干处理，干度比例好，膨胀率高。

52. 燕角为什么更硬？

答：燕角是金丝燕早期吐出来的唾液凝结而成的。为了稳固巢窝，燕角的唾液比其他部位的更厚、更浓，因此比较硬。

53. 燕窝的 3A、4A、5A、6A 是什么意思？

答：这是用燕盏背部的宽度来衡量燕窝的质量，3A 燕窝就是燕盏背部宽度等于一个小女孩 3 个手指头并起来的宽度，同理，5A 就是燕盏背部宽度等于一个小女孩 5 个手指头并起来的宽度。在过去，燕窝"A"的级别越高，燕盏背部越宽，燕窝也就越大。但盲目地把燕窝大小和等级挂钩是不科学的，燕窝大小除了和原料有关，还和工艺有关。

红枣炖燕窝

54. 燕窝的感官指标指哪几方面？

答：色泽：远离工业污染源，白燕色泽呈乳
白色，无霉斑。滋味及香味：味正常，口感
爽滑，具有燕窝特有的香味（蛋清味）。组织
形态：形态完整，无明显杂质。

燕条

55. 屋燕与洞燕的区别？

答：仿照燕子的生活环境营建燕屋，金丝燕在燕屋里筑建的燕窝为屋燕。
洞燕则为金丝燕在野外的山洞、沿海峭壁筑的巢窝。前者燕窝较干净、颜
色较白；后者矿物质含量高，颜色较深。

56. 为什么燕窝盏形有的大，有的小？

答：不同的金丝燕做的窝会大小不一，是正常的现象，而且燕窝是天然食
品，不可能像模子刻出来的大小都一样。

57. 燕窝含有什么营养成分？

答：燕窝含有丰富的微量元素（钙、磷、铁、钠、钾等）、氨基酸（赖氨酸、
胱氨酸、精氨酸等）、碳水化合物、水溶性蛋白质和唾液酸。

58. 燕窝对不同的人有什么功效？

答：女性食用燕窝可养颜美容，使皮肤滑嫩、红润、有光泽、有弹性，并
可调节内分泌，延缓衰老。男性食用燕窝能促进血液循环和新陈代谢，使
人精力充沛，且可润肺化痰，尤其适合抽烟男士和工作中劳心熬夜的男士。
孕妇食用燕窝具有"大人吃，大小都补"的功效，提高孕妇免疫力，使婴
儿更健康且皮肤白皙，加快产妇产后身体恢复。老人服用燕窝能促进血液
循环和新陈代谢，减缓衰老，增强抵抗力和免疫力。儿童食用燕窝可补充
多种微量元素，增强体质，促进骨骼生长，而且燕窝中所含的唾液酸可以
促进儿童的大脑发育，使其更聪明。燕窝性甘味平，患者食用之，能促进
血液循环和新陈代谢，补充营养，增强体质，帮助身体更快恢复健康。

59. 燕窝有哪些保健功效？

答：燕窝补元气，治虚劳咳嗽。养肺阴，化痰止咳，补而能清。燕窝滋阴润肺，补而不燥；养颜美容，使皮肤光滑、有弹性和光泽；益气补中，促进血液循环，增进胃的消化和肠道吸收力。燕窝有助于肺阴虚、咳嗽、盗汗、咯血等症和胃气虚、胃阴虚所致的反胃、干呕等症以及气虚、多汗、尿多等症康复。燕窝作为天然滋补食品，男女老少都可食用。

60. 什么是燕窝酸？

答：燕窝酸学名是"唾液酸"，即 N- 乙酰神经氨酸，是燕窝中主要的活性成分，也是母乳中对婴儿提供早期生长发育的重要成分之一，是细胞膜蛋白的重要组成部分。它参与细胞表面多种生理功能，在调节人体生理、生化功能方面起到非常重要的作用。

61. 燕窝的唾液酸对人体有什么作用？

答：科学家经研究发现，唾液酸具有提高婴儿智力和记忆力、抗老年痴呆、抗识别、提高肠道对维生素及矿物质的吸收、抗菌排毒、抗病毒、抗肿瘤、提高人体免疫力、抑制白细胞黏附和消炎等作用。

62. 唾液酸真的很"值钱"，除了燕窝，还有什么食物富含唾液酸，其种类和营养价值是否一样？

答：唾液酸含量相对丰富的天然食物有：燕窝（70～120 克／千克）、酪蛋白（4.80 克／千克）、枇杷（0.66 克／千克）、牛奶（0.45～0.66 克／千克）、茄子（0.45 克／千克）、禽蛋（0.34 克／千克）。由于燕窝中唾液酸的含量最高达 12%，唾液酸又被称为"燕窝酸"。而酪蛋白是哺乳动物（包括牛、羊和人等）母乳中的主要蛋白质。

63. 燕盏、燕条、燕角、燕碎的唾液酸含量有区别吗？有没有相关的检测数据参考？

答：盏形或船型燕窝的唾液酸含量一般在 10% 左右。含毛、草等杂质多的燕窝的唾液酸含量范围在 0.26%～10% 不等。

64. 有人说，炖好的燕窝里面，会有一些白色泡沫，类似人吐出来的口水，并且这种泡沫越多，证明唾液酸越丰富，是真的吗？炖好的燕窝有泡沫是好还是不好？

答：这个说法并不准确。炖煮燕窝起泡沫包括但不限于以下原因：

一是燕窝的主要成分是蛋白质，在煮滚之后，温度达到沸点时会起泡。直接煮燕窝的时候，这种现象更明显。

二是加工厂加工燕窝时，程序不符合卫生标准，燕窝没有清洁彻底，泡沫也会很多。

65. 亚硝酸盐溶于水，有没有研究显示，经过充分清洁、泡发和炖煮后，亚硝酸盐含量能降低到多少？

答：香港的专业燕窝商协会针对此问题专门委托香港科技大学做了深入研究，结论是：多数燕窝经过泡发，冲洗几遍后，亚硝酸盐含量几乎为0，但这项指标并不能作为区分燕窝好坏的标准。

66. 干燕盏的亚硝酸盐检测值为0，这可能吗？

答：正规工厂经过严格的操作流程，燕窝在充分泡发、清洗、消毒、风干后，其亚硝酸盐的检测值可以为0。中国国家质检总局对合法进口燕窝，即溯源码燕窝的规定标准是有效期3年内亚硝酸盐含量不超过30毫克／千克，堪称全世界所有食品类对亚硝酸盐含量控制最严格的标准。

67. 燕窝到底是什么味道？

答：燕窝是蛋白质凝结而成的，含有一定的水分，所以会有淡淡的腥味，干度越高的燕窝腥味越淡。另外，人工燕屋要模拟自然封闭的环境，湿度、温度都较高，还会人为添加一些鸟粪吸引金丝燕，所以燕窝还会带有一股霉味或者氨味，而燕窝炖煮以后，会有一股蛋清味。

鲜果燕窝

68. 燕窝中含有的大量水溶性蛋白质有什么作用呢？

答：蛋白质的作用是构成和修补人体组织，构成酶和激素成分；供给能量，调节渗透压，构成抗体抵抗细菌和病毒入侵。

69. 燕窝含有的丰富矿物质有什么作用？

答：矿物质一是构成机体组织，是细胞内外液的重要成分。二是发挥缓解作用，可维护机体的酸碱平衡，也是构成某些特殊功能物质的重要组成部分。三是燕窝含有丰富的钙、铁元素，可以给人体补钙、补血。

70. 为什么食用燕窝会有养颜功效？

答：这是燕窝含有黏多糖蛋白的缘故。

71. 如何食用燕窝？

答：成人每次食用干燕窝 3 ～ 5 克，儿童 1 ～ 2 克，一天两次或一天一次，或一周吃 3 次，早晨空腹或睡前食用吸收较好。

72. 燕窝要吃多久才有效？

答：因每个人的吸收能力不一样，如果一周吃 3 次，吸收好的人 1 个月内就能见效，正常需 3 个月以上，有些人需要半年以上有效果。

73. 每次燕窝我都不止吃 3 ～ 5 克，都吃一盏或二盏，吃太多会怎样？

答：吃太多燕窝不会有副作用，只是多量人体无法全部吸收而已，因为人体每次吸收 3 ～ 5 克的干燕窝，少食多餐比较容易吸收。

74. 孕妇吃哪种燕窝较好？

答：吃白燕就可以满足孕妇的营养需要，因怀孕期间需要适当的营养，也不可以营养过多。而血燕营养价值比白燕高。

75. 燕窝的营养和鸡蛋、豆腐差不多？

答：燕窝中含有的丰富唾液酸是鸡蛋、豆腐无法相比的。

76. 现在营养滋补品这么多，那吃鲍鱼或者每天喝牛奶不也一样吗，而且比吃燕窝便宜？

答：吃鲍鱼或者每天喝牛奶等的确是有营养，但燕窝相对其他滋补品有一个绝对优势，就是含有的水溶性蛋白质人体容易吸收。连续吃了几个月的鲍鱼或其他补品，可能还没有效果，这就是因为营养成分吸收慢的原因。而吃燕窝就不同了，吸收能力好的，每周 3 次，吃上 1 个月就有效果，连续吃上 3 个月或半年，效果就更明显。

77. 燕窝内含有的唾液酸和牛奶中差不多？

答：燕窝内含有的唾液酸比牛奶中要高出很多倍，一般是牛初乳的 45 倍，是母初乳的 24 倍。

78. 燕窝为什么要隔水文火炖？

答：燕窝中蛋白质含量在 50% 以上，蛋白质在 80℃ 以上难以保持活性，故不适合煲或直接煮沸，隔水文火炖最好。

79. 哪些人群不能吃燕窝呢？

答：燕窝性平味甘，男女老少都可食用。但以下人群不宜吃燕窝：

（1）不满 4 个月的新生儿不能直接吸收燕窝营养，4 至 6 个月以后就可以安全食用（需测试，无过敏反应后方可食用），炖的时间稍长一点，刚开始可以少食。

（2）感冒期间如果有发热等症状时，最好暂停食用燕窝等补品，以免影响感冒外邪的疏散驱除。等感冒好了以后，再进行燕窝等食补调理，以后就

花式燕窝

182

会少得感冒了。如仅有咳嗽症状，没有感冒其他症状，可以食用燕窝。

（3）对蛋白质食品有过敏反应的人不宜吃燕窝。但可以尝试吃，隔天吃一次，每次少量，没有发生过敏反应，再按正常量食用。

（4）病因不明者不宜食用燕窝。

（5）没有经过化疗的癌症患者不能食用燕窝。

（6）严重的寒湿或痰湿体质者也不宜食用燕窝。

80. 燕窝通常是女人吃，男人有必要吃吗？

答：男人也可以吃燕窝。很多人听到燕窝的第一反应就是：女人吃了可以滋阴养颜。似乎只有爱美的女人才吃燕窝，这其实是人们对燕窝认知的误区。无论是传统中医还是现代医学，对燕窝的功效都有很明确的描述，燕窝除了具备养颜美容的功效，还有滋阴、治虚损、润肺、润燥、益气、补中等功效。抗疲劳、防衰老的效果也相当显著。食用燕窝能增强人体的免疫力，很多工作繁忙的男士长期食用燕窝精力会更充沛、精神饱满。所以，吃燕窝不仅是女人的专利，也是注重养生的成功男士的首选天然保健食品。当然，爱美的男性也可以通过食用燕窝来达到养颜、抗衰老的效果。

81. 吃燕窝到底有没有效果？

答：吃燕窝是否有效果，要注意一些因素的影响：

（1）没有按科学方式食用，只是在较短时间里食用燕窝，效果会不显著；

（2）身体机能的反应因人而异，有些消费者食用燕窝后，效果明显，而有些消费者则效果不明显；

（3）期望通过食用燕窝达到某种功效，必须坚持食用3至6个月的时间，而每周食用燕窝次数至少3次，每次不少于3～5克，吃燕窝的最佳时间是晚上临睡前和晨起空腹时。

82. 儿童可以吃燕窝吗？会不会出现性早熟现象？

答：儿童吃燕窝是好事，因为燕窝含有丰富的唾液酸，对提高婴幼儿智力

和记忆力、促进肠胃消化和吸收、提高免疫力、抵抗疾病等都大有帮助。

中医药理论认为性早熟都是阴虚火旺引起的，需滋阴降火。燕窝味甘淡、性平，归肺、脾、肾经。大养肺阴，化痰止咳，滋补和清理肺部，是调理虚损痨瘵的圣药。与其他温热滋补品不同，"燕窝，入肺脾肾，入肺生气，入肾滋水，入胃补中，俾其补不致燥，润不致滞，而为药中至平至美之味者也，是以虚劳药石难进，用此往往获效，义由于此。然使火势急迫，则又当用至阴重剂，以为拯救，不可持其轻淡，以为扶衰救命之本，而致委自失耳"。

有研究表明，如果按正常人每天吃一个鸡蛋或每天吃 5 克燕窝计算，燕窝摄入的黄体酮含量比鸡蛋还要低很多，17β-雌二醇含量则和鸡蛋差不多。我们每天吃一个鸡蛋都是安全的，吃燕窝又怎么会不安全呢？吃燕窝获得的激素含量还不及吃一个鸡蛋。事实证明，燕窝不会引起儿童性早熟。

83. 为什么燕窝美食大部分都是用冰糖水调配？

答：从中医滋补角度上分析：冰糖是用白砂糖溶化成液体，经过烧制，去杂质，然后蒸发水分，在 40℃左右条件下自然结晶而成的，亦可冷冻结晶而成。传统中医理论认为冰糖最滋补，能补中益气，和胃润肺；红糖则浊而不清，容易引发热气；而白砂糖也会引致生痰。所以，熬炖补品多用冰糖，炖燕窝时用冰糖调配较好。

84. 夏天经常流汗，吃燕窝会吸收吗？

答：当然会吸收，因为燕窝是味甘性平的天然食品，没有任何副作用，一年四季都可食用，而且燕窝内的营养成分极易被人体吸收，补而不燥。

桂花蜜燕窝

85. 感冒可以吃燕窝吗?

答：感冒被中医定为表邪病症，外感六淫之邪，多沿口鼻或皮毛侵入，其停留于浅表部位时称表邪。常见发热、恶寒、头痛、鼻塞、咳嗽等症状，所以感冒期呼吸道和消化道的不适最明显。感冒期间如果有发热等症状时，最好暂停食用燕窝等补品，以免影响感冒外邪的疏散驱除。等感冒痊愈后，再吃燕窝等进行食补调理，以后就会少得感冒了。如仅有咳嗽症状，没有感冒其他症状，可以食用燕窝。

86. 长期抽烟者吃燕窝有何帮助?

答：长期抽烟会导致呼吸道纤毛减少和肺部损伤，燕窝滋阴润肺，养肺、清肺，可以降低肺部受损。

87. 吃燕窝对预防老年痴呆症有何帮助?

答：老年痴呆症的诱因有许多，包括遗传、躯体性疾病（如甲状腺疾病、免疫系统疾病、癫痫等）、头部外伤、免疫系统的进行性衰竭、机体解毒功能削弱及慢性病毒感染等。燕窝中富含的唾液酸可以增强人体的免疫功能，对抵抗病毒感染有显著效果。唾液酸对神经细胞具有保护和稳定作用。因此，定期食用燕窝对预防老年痴呆症有显著作用。

88. 燕窝吃多了有副作用吗?

答：燕窝属性平之物，不会有副作用。但每日食用量建议最多5克，多了身体也不能完全吸收，造成浪费。

89. 疾病或术后患者如何食用燕窝才能达到滋补的功效?

答：要看是什么疾病和手术。一般来说重大疾病和手术后，身体比较虚弱，燕窝可以搭配一些补气血的食材，例如红枣、枸杞、桂圆等。但还是要结合病人自身情况来进补。

90. 有人说吃燕窝能治疗咳嗽，特别是久咳，是真的吗？

答：燕窝能滋阴润肺、化痰止咳。久咳患者可以试试雪梨炖燕窝：3克燕窝，一个去核的梨，加川贝，合蒸 20～30 分钟。

91. 幽门螺旋杆菌引起的胃痛，能吃燕窝吗？

答：幽门螺杆菌阳性不意味有胃病，但对胃黏膜造成损伤、引发炎症是肯定的。这时，饮食清淡且营养就十分重要。燕窝性平，刺激性小，具有养胃功效，是可以食用的。如果胃镜报告显示胃黏膜萎缩、肠上皮化生，那就需要进行幽门螺杆菌的抑菌治疗。

92. 甲亢患者吃燕窝有好处吗？

答：有甲状腺疾病者可以吃燕窝。甲状腺出现问题说明体内激素调节出现了部分问题。从中医的角度看，燕窝基本适合任何体质、任何年龄阶段的人群，是滋补、润肺、补气的佳品。从西医角度看，它是纯天然的优质蛋白质，不含有外源性激素，所以完全可以进食，对强身健体很有功效。很多"窝友"最大的疑虑就是燕窝中是否有激素，这里要告诉大家的是：燕窝中是含有激素的，不仅燕窝中有激素，很多我们日常吃的天然食物中也含有激素，比如鸡蛋、牛奶，但动物自身体内腺体或细胞分泌的激素为内源性激素（区别于外源性激素，如人工提取、人工加入的雌激素），不影响甲状腺功能。

93. 糖尿病、高血压病人可以吃燕窝吗？

答：燕窝性甘味平，含糖量 17.36％和脂肪是微量，所以糖尿病和高血压患者都可以食用。而且燕窝富含生物活性蛋白，对提高老人的免疫力很有帮助。日本有研究显示，燕窝还对提高老年人的舒张压有帮助。但是，对于高血压患者来说，还是要严格遵医嘱饮食。

燕窝布丁

94. 类风湿关节炎患者可以吃燕窝吗？

答：类风湿关节炎是病因未明的、以炎性滑膜炎为主的慢性系统性疾病。其特征是手、足小关节的多关节、对称性、侵袭性关节炎症。早期类风湿关节炎不影响肝肾功能，患者可以吃燕窝。晚期伴有各系统的感染，尤其是泌尿系统，要注意摄入的蛋白质的量，以免加重肾脏负担。

95. 吃燕窝会引起子宫肌瘤吗？有子宫肌瘤、卵巢囊肿的人可以吃燕窝吗？

答：研究表明燕窝可以抗肿瘤，子宫肌瘤、卵巢囊肿患者是可以吃燕窝的。这些疾病是因为体内激素水平不能够通过自身调节达到平衡状态造成的，燕窝虽然含有内源性激素，但是这是动植物自身生长发育自带的，例如谷类动物的肝脏、牛奶、鸡蛋等都含有的。50克燕窝含有的黄体酮相当于一个鸡蛋的含量，3克燕窝含有的17β-雌二醇相当于一个鸡蛋的含量。雌性激素不是燕窝发挥作用的关键，所以影响不了人体内的激素变化，反而对提高抵抗力有很大帮助。同时请注意调节自己的情绪和劳逸结合，多运动来慢慢调节身体状况。

96. 女性有乳腺增生、小叶增生，可以吃燕窝吗？

答：乳腺增生患者要注意饮食均衡和压力调节。避免吃雌性激素含量比较高的食物,例如豆浆、蜂王浆。如上所述,雌性激素不是燕窝发挥作用的关键,也不会对乳腺增生有不好的影响。超过1/3的女性一生中曾患乳腺增生,且越来越低龄化。精神紧张、情绪过于激动对乳腺增生的影响最大,波动的情绪会影响女性的内分泌系统功能，导致内分泌激素失调，使本来应该复原的乳腺组织得不到复原或复原不全，久而久之，就易形成乳腺增生。

97. 患湿疹能吃燕窝吗？

答：如果经常在换季时出现湿疹，说明可能是过敏性体质，对很多东西容易过敏。医学上对于过敏有两种方法解决：一是使用激素，暂时把过敏症状压制住，同时避开过敏源；二是脱敏疗法，在过敏不严重或者不过敏的时候，逐渐少量多次地接触过敏源，让身体慢慢产生抗体，直到最后不会

再过敏为止。燕窝属于异种蛋白质，很少人对它有过敏反应，建议开始吃的时候少量，如果没有任何不适，再正常食用。长期吃可提高身体抵抗力，对易过敏体质也很有好处。

98. 月经量少可以吃燕窝吗？

答：月经量少体现为两个方面，来月经时血量过少或者月经时间过短。一般来说，如果每个周期连一包卫生巾（10 片 / 包）都用不到，而且每片的血量很少，仅仅是沾湿了表面，就属于月经量少了。西医认为情绪紧张、节食、寒冷刺激、人流都会引起月经量过少；中医认为气血不足导致月经量少，燕窝补肺气，滋肾水，能调理身体。如果月经量一直很少，建议去医院做 B 超，排除一下器质性问题。

99. 怀孕前 3 个月的危险期能吃燕窝吗？

答：有些准妈妈问孕期前 3 个月能不能吃燕窝，主要是顾虑前 3 个月孕吐比较严重。如果孕吐严重到吃任何东西都吐，那要到医院去，以便于保胎。如果不呕吐，建议可以试试燕窝。事实上，胎儿在母体生长的过程中，最重要的脑部和神经发育就在前 3 个月内，可补充叶酸，也可以食用燕窝。燕窝里的唾液酸是纯天然的可促进胎儿脑部发育的优质蛋白质，如果孕期要吃燕窝，建议在孕吐可以承受的情况下，前 3 个月内每天吃。

100. 孕妇怎么吃燕窝？

答：孕妇吃燕窝可以一吃两补，不仅可以提高妈妈和宝宝的身体抵抗力，燕窝中的唾液酸对宝宝头脑发育很有好处，而且孕期坚持吃燕窝，宝宝皮肤会白皙。孕妇最好是一天一次，每次半盏（约 3 克），一直吃到哺乳期结束。

101. 产后多久可以吃燕窝？

答：产后奶水通畅后就可以吃了。吃燕窝前一定要确定产妇奶水的通畅度，以免吃燕窝后，奶水突然增多造成乳腺炎。燕窝中的糖蛋白和 EGF 因子对于伤口愈合很有效果，而且燕窝中富含的唾液酸可以阻绝肠道和病毒的结合，增强人体的抗病能力，同时因为唾液酸为阴离子，可以和人体内带正电的钙离子结合，提高肠道对于营养的吸收能力。唾液酸还是大脑发育的重要营养成分，随着宝宝的长大，妈妈乳汁的营养构成会进行相应的调整，乳汁中自带的唾液酸含量会下降，妈妈在产后坚持吃燕窝，可以保证源源不断地供给宝宝唾液酸，促进宝宝大脑发育。

102. 更年期妇女吃燕窝有何好处？

答：女性上了50岁，体内雌激素水平急剧下降，更需要滋阴。燕窝不寒不燥、养胃润虚的特性为历代医方、医书认可。燕窝中的糖蛋白和唾液酸能够补充皮肤所需营养和水分，快速修复受损皮肤细胞，起到延缓衰老的作用。长期调理可以舒缓焦虑、失眠等更年期症状，提升骨强度和延缓皮肤老化。

103. 绝经期女性吃燕窝食用量要不要增加，增加到多少比较合适？

答：绝经期女性更需要滋阴，可以适当增加燕窝食用量，每天3～5克。

104. 吃燕窝可以消除青春痘，是真的吗？

答：长痘痘原因很多，最常见的就是青春期，体质阳盛偏热，气血淤滞阻塞在肌肤里形成痘痘。爱吃辣的人也容易长痘痘。除此以外，体质阴虚火旺的人也容易长痘痘。

燕窝消火滋阴，可以解胃热，肾主水，肾水有降火之效。因此，吃燕窝对于阳盛偏热或者阴虚火旺的体质都有一定的改善作用，如果配上一些清湿热的食材，比如薏米，做道薏米莲子炖燕窝，可以帮助治疗湿热郁积产生的痘痘。

105. 妊娠期糖尿病和严重贫血患者能吃燕窝吗？

答：妊娠期糖尿病是由多种原因引起的，最常见的就是吃东西不忌口，暴饮暴食，所以应在医生的建议下吃一些健康有益的食物，燕窝正是其中之一，

虫草燕窝

它是天然优质蛋白质，一吃两补。燕窝性甘味平，不像其他一些性温的补品如鹿茸、花胶等需要孕妇注意食用分量。燕窝的含糖量和脂肪含量都是微量，所以糖尿病和高血压患者都可以食用。而且燕窝富含生物活性蛋白，对提高孕妇的免疫力很有帮助。贫血患者肯定可以吃燕窝，多吃红枣桂圆燕窝，滋阴补血。

如果血红蛋白量严重偏低，仅仅吃燕窝是不够的，需要更专业的对症治疗，必要时可补充叶酸、铁剂、维生素 B2。

花式燕窝

106. 中医如何评价燕窝？

答：《本草求真》记载："入肺生气，入肾滋水，入胃补脾，补而不燥，润而不滞。"

《草本备要》记载："燕窝甘、淡、平。大养肺阴、化痰止咳，补而能消，为调理虚势之圣乐，一切病之由于肺虚，不能肃清下行者，用此皆可治之。"

107. 体寒者可以吃燕窝吗？

答：燕窝性平味甘，只要体寒不是非常严重者都可以食用。但是如果诊断是痰湿体质，则是脾失去运化水湿的能力了，这时候要注意燥湿，多吃陈皮，先调理好体质再吃燕窝。

108. 喝中药可以同时吃燕窝吗？

答：燕窝是药食同源，性平味甘，喝中药期间吃燕窝是没有问题的。燕窝是空腹吃，而中药一般是饭后喝，所以并不冲突。如果有些中药需要空腹喝，最好和进食燕窝间隔 1 小时。

109. 喝茶可以同时吃燕窝吗？

答：茶中的单宁酸会影响身体对蛋白质的吸收，而燕窝中的主要成分是生物活性蛋白，建议有饮茶习惯的人，可以在食用燕窝 1 ～ 2 小时后再饮茶。

110. 减肥期间可以吃燕窝吗？

答：可以。燕窝主要成分有水溶性蛋白质、脂肪、8 种人体必需氨基酸以及钠、碘等矿物元素。而其中脂肪含量最少，仅占 0.3%，也就是说，每克燕窝中只含有 0.003 克的脂肪。

相关专家对燕窝、鸡蛋、银耳等产品所含的营养成分进行对比，结果发现燕窝的水分与脂肪含量最低，蛋白质和 8 种必需氨基酸含量最高，可谓"高蛋白、低脂肪"的好产品，符合营养学里各项营养成分的最优比例。

对于正在减肥的人，吃燕窝不仅能够补充每日营养所需，还可以确保脂肪的摄取量最低，且有增强身体的免疫力等功效。

111. 怀孕能吃燕窝吗？有妊娠反应怎么办？

答：怀孕能吃燕窝。在孕期前 3 个月坚持食用燕窝，不仅能使母亲身体强健，而且能使未来的新生婴儿更强壮、更白皙、更漂亮、更不易生病。

（1）妊娠前 3 个月称妊娠早期。此阶段正是胎儿剧烈分化的重要时期，也可以说是胎儿"分化组装成形"的时期。妊娠早期会有妊娠反应，感觉头晕乏力、倦怠嗜睡，并且食欲减退。有些人还可能有食欲异常、挑食、喜酸味和厌油腻的反应，此时的营养补充至关重要。可以少食多餐，定期进食燕窝补充营养。建议每次食用干燕窝 3 ～ 5 克，每天或隔天食用一次。由于食量较少，一般不会呕吐。早晚空腹食用均可。

（2）妊娠 13 周开始为妊娠中期，此阶段胎儿安定，母亲早孕反应消失。此期间胎儿发育较快，可用燕窝配合各种食谱食用，既可以自己享受美味，又可以做好宝宝的营养补充，具有"一人吃两人补"的功效。建议每次食

用干燕窝 3～5 克，每天食用一次，早晚空腹食用均可。

（3）妊娠 28 周以后为妊娠晚期。这个时期要避免过度疲劳，进食燕窝时注意盐分不要摄取过多。建议早上食用燕窝，以免晚上等待空腹时间过长引起疲劳。建议每次食用干燕窝 3～5 克，每天或隔天食用一次。

（4）产后的妇女，要缓解哺育孩子的劳累、恢复生产前窈窕的

玫瑰燕窝

身姿、恢复妊娠纹和抑制产后色素沉着，而且要保证产后乳汁的充分营养，燕窝是最佳的天然滋补食品。此时调理得好可以去除一些顽症痼疾，为今后的身体打下一个扎实的健康基础。建议哺乳期妈妈每次食用干燕窝 3～5 克，早晚空腹食用均可。

112. 燕窝本来就有许多功效，为什么炖的燕窝还要加那么多辅料？

答：燕窝是有很多功效，加入辅料的目的有两种：一是添加的辅料更有针对性，但两者并不相互矛盾；二是辅料搭配更可口。

113. 燕窝是纯天然的保健品，是否安全呢？

答：燕窝采摘后，经过了挑毛、去杂质等物理工序处理，而且食用的燕窝经过高温炖煮杀菌，可放心安全食用。

114. 不同品质的燕窝在泡发、炖煮方面应该注意什么？

答：泡发时间不同，炖煮时间也不同。屋燕需充分泡发 4～6 小时，隔水文火炖 30 分钟。洞燕的泡发时间和炖煮时间长，需泡发 12 小时以上，炖 2～3 个小时以上。

115. 燕窝贮存的方法是什么？

答：（1）干燕窝应放置于通风干燥处妥善存放。

（2）浸泡后的燕窝存储方法：先将燕窝（通常为一盏）浸泡，然后挑毛、清洗、沥干，然后按每次食用分量分份用保鲜膜包好，再存放于冰箱内冷冻，食用时取出炖制，可保存1年（不解冻的情况下）。

116. 为什么燕窝要加3层的塑料薄膜包装？

答：为了防止燕窝风化、营养流失，减少损耗。因为燕窝存放太久，容易风化破碎。

117. 如何处理霉变的燕窝？

答：霉菌及霉菌毒素污染食品后，会引起一些中毒反应，不能食用。

118. 燕窝为何发霉，发霉后可以食用吗？

答：燕窝发霉的原因有：

1. 燕子做窝环境阴暗、潮湿。

2. 湿度不均匀，局部可能发霉。如果发霉则不可食用。

119. 燕窝是不是存放越久越好呢？

答：燕窝并不是存放越久越好，新鲜燕窝和存放较长的燕窝在营养成分方面，没有太大的区别。目前通过物理手段，还不能阻止燕窝内水分的蒸发，所以时间过长，营养会流失。但是含水量高（有些高达 $40\% \sim 60\%$ ）的燕窝，购买不合算，而且容易霉发，不易储存。

120. 干燕窝是不是像水果、蔬菜一样，越新鲜越好，还是在保质期内都是一样的？

答：足干的燕窝，在保质期内品质差别不大。但是不足干的燕窝，在储存期间，亚硝酸盐可能会有所增加。

121. 燕窝炖好保温会化水吗？

答：可能会。要看保温所保持的温度，如果是70℃以上，燕窝就会溶于水，因为燕窝蛋白本身就是水溶性蛋白。

122. 是不是等级高的燕窝营养就高？

答：等级高的燕窝，浸泡和炖煮的发率相对要高一些，杂质也少；而等级低的燕窝不仅挑毛麻烦，而且燕毛也有一些重量，燕窝的净重就少些了。所以，等级高的燕盏价格要高一些，不过燕窝的营养成分都是一样的。

123. 燕窝炖后溶掉变水，我是否买了假燕窝？

答：不一定是假的，因为不同种类的燕窝有不同的浸泡和炖煮时间，有的燕窝如果炖煮时间过长，便会溶解成水。

124. 现炖的是不是用品质差的燕窝去做？

答：现炖燕窝的用料也是有优劣之分的。所有的事情都不能一概而论。

125. 为什么浸泡与炖煮燕窝这么麻烦？

答：因为燕窝是天然滋补品，炖煮确实有点麻烦。但现在购买燕窝，就不必为炖制程序和细节烦恼，因为有的销售商会提供免费咨询。

后记

编写第一本燕窝专业科普书《解开燕窝密码》时，周围的人有诸多疑虑。最多的问题是："真有这么多燕窝吗？"编写第二本燕窝书《走进燕窝世界》时，人们的疑问并没减少，被问得最多的问题变成了"怎样鉴别燕窝的好坏"。

我赴马来西亚参加2016年第三届燕窝国际研讨会之前，收到出版社的校对稿，扑面而来的书香味让我兴奋不已。在会议期间，马来西亚燕窝商联合会的老会长马兴松先生特意从云顶驱车1个多小时，到布城万豪酒店与我见面。谈及马来西亚元首用燕窝作为国宴、国礼款待中国国家主席习近平之事，可以说是"血燕亚硝酸盐含量超标事件"之后燕窝行业长达两年黑暗期的转折点，希望的曙光已经来临。马先生还介绍了策划国宴国礼背后的故事。

记得我在2013年中马燕窝协会的学术交流会和2014年第二届马来西亚燕窝国际研讨会上，两次报告都是围绕燕窝研究进行，重点介绍了唾液酸的生理活性。当时偶遇在马来西亚留学专门研究燕窝的博特拉大学博士生，她对唾液酸研究饶有兴致，我们畅谈了1个多小时。

本次大会我的发言以《燕窝科技与全产业链》为题，介绍我们团队在燕窝药理学、DNA条形码、燕窝标准提取物及衍生产品方面的研究。燕窝产业国际联盟主席、中国药文化研究会燕窝分会会长钟先生做了《中国合法燕窝市场现况及未来市场发展》报告。中国学者和业内代表的报告获得长时间的掌声和热烈欢迎。会后几位在大学任教的博士纷纷表示要在药理学、DNA条形码等领域展开中马之间的合作研究，大会主席亲自赠送精美纪念品以表达感谢。

马来西亚理工大学的李博士以墙报的形式向与会者展示了他最新的研究成果。茶歇时，他的研究生还专门向中国客人介绍工作进展，我们则介绍了双方感兴趣的以"唾液酸＋糖蛋白"作为活性成分构建质量标准的研究工作。从今年的燕窝国际研讨会报告和论文集可发现，马来西亚近两年的燕窝研究可谓突飞猛进，前景不可估量。

　　会后的北马和南马考察之旅，令我耳目一新。在北马槟城，我们参观了全马首间无尘设备燕窝加工厂，该厂荣获多项马来西亚及国际卫生与品质管理认证。燕农的燕窝与加工厂无缝对接，再到海内外市场销售，形成一条龙式的燕窝产品销售概念。在南马柔佛，有机菜园、燕屋、加工厂及超市等形成燕窝全产业链模式，给考察者和游客留下了深刻的印象。燕屋建设在几十亩的有机蔬菜基地之中，加工厂清洗燕窝的洗燕水与有机肥经发酵喷施蔬菜，主人戏称之为"燕窝蔬菜"。

　　这几年，多次赴马来西亚、印尼野外考察，有两个地方令我终生难忘：一是马来哥曼东燕洞，二是印尼加里曼丹燕屋。

　　哥曼东燕洞位于东马沙巴州山打根市，地处哥曼东雨林保护区的中心地带，被世界自然基金会（WWF）称作世界顶级可食用燕窝的集散地。值得称奇的是，此洞是由两个洞穴交错而成的，不同的金丝燕种居住在不同的地方。洞穴上层是戈氏金丝燕栖息的白洞燕，下层是黑巢金丝燕的黑洞燕，中间层是两者混居。一般游客只能在规定的地区游览，在洞穴底层可以看到燕子飞进飞出。

　　加里曼丹岛又称作"婆罗洲"，是世界第三大岛。属于热带雨林气候，年平均温度24℃，年平均降水量约3 800毫米。岛南部地势很低，形成大片湿地。岛上大多被原始森林覆盖着，面积仅次于南美洲亚马孙河流域的热带雨林，有原始部落人居住在森林里。地处赤道，气候炎热，热带动植物资源丰富，如巨猿、长臂猿、象、犀牛、各种爬行动物以及昆虫等，所以金丝燕有丰富的食物资源。2015年底，我们从广州乘飞机，一路艰辛，经雅加达、三宝垄换乘，到达中加里曼丹省西南部小城庞卡兰布翁（Pangkalan Bun）依斯干达机场（Iskandar Airport），然后驱车6小时来到中部小镇苏卡马拉（Sukamara）。接待我们的主人家四代同堂，一间4层楼的燕屋坐落在桑皮特（Sampit）

河旁，四周绿树成荫，环境优美。主人家一位老先生每天的任务是打开引燕音响，静等金丝燕进进出出，做窝孵蛋。据介绍，该燕屋每年可收获燕窝200多千克。对我个人来说，美丽的加里曼丹是心灵的家园，而苏卡马拉可能是金丝燕的世外桃源。

去年在雅加达考察期间，留德生物学博士宝迪兴致勃勃地拿出印尼地图，讲解历史上第一间燕屋在中爪哇的诞生。据介绍，由于人工燕屋的兴起，金丝燕繁殖速度加快，食用昆虫资源相对不足，爪哇金丝燕分布区从中爪哇分东、西两路向外扩张。向东至东爪哇、巴厘岛等，向西至西爪哇、苏门答腊。我们推测同样由于食用昆虫不足的缘故，金丝燕的分布跨越马六甲海峡到达马来半岛西海岸，并陆续北上，飞向泰国、柬埔寨。其中戈氏金丝燕的分布从加里曼丹岛沿着马来半岛东海岸向北延伸至越南海域、中国的海南岛。随着燕窝业的发展，燕屋越来越多，金丝燕不但数量没有减少，反而分布越来越广。

在广州燕窝产业国际联盟办公室召开的新书定稿研讨会上，来自国内外的40多位联合出版人和燕窝业好友参加了会议，大家对本书的设计和内容给予高度评价，并提出了很多有建设性的意见。

最后，首先要感谢国外几位博士送我几本厚厚的英文专著和文献资料，深感成果得之不易！我还要感谢燕窝产业国际联盟、中国药文化研究会燕窝分会及众多的联合出版人，还有提供精美燕窝照片的业内好友！感谢马来西亚、印尼燕窝业同仁，在考察期间给予的支持和帮助！感谢本书的编写伙伴们，新书的顺利完成离不开你们的支持！

蒋林 于吉隆坡香格里拉酒店

2016年10月16日

致 谢

感谢支持中山大学燕窝研究团队和支持本书编著的联合出版人:

钟建明、周王晓云、钟元、关勇文、丁香、陈永云、米雅、章荣伟、谭承哲、蔡千根、马兴松、张孟文、王嘉蔚、李燕妮、陈彬、陈娟、黄惠娜、夏青、周琼、陈少香、颜毓、蔡思玲、林国超、周剑辉、纪淡娜、王月娇、林洁珊、钟洁雯、张欣梅、柯海燕、卢立娥、杨柳娟、蒋莉、文雪颖、周玲、傅好、郑家强、梁海燕、周子壹、何柏辉、吴秀丽、刘洪、赵菲、杨一静、钱杨霞、陈瑞文、陆宇龙、廖国婉、徐桂雷、姚晶晶、杨芸、罗晓聪、杨成斌、叶艳梅、杨兴盛、胡戴斌、林文波、吴政达、徐子涵、章懿及多位不愿透露姓名的业内人士

感谢为本书提供照片的同仁:

周王晓云、丁香、张欣梅、黄惠娜、王卉、蔡千根、陈永云、周琼、刘洪、林国超、夏青、颜毓、纪淡娜、周玲、赵小白、郭襄、宋少琴 、徐依穗、杨柳娟、蒋莉、陈娟、傅好、张孟文、李雅君、周剑辉、王怡炯、卢立娥、米雅、章荣伟、刘芳、黄燕、杨一静、王静、钟佳、张惠慧、文雪颖、王茜、石林、史流、吴小柯